油气田开发数字化转型
BI技术与实践

杜　强　刘奇林　张晋海　主编

电子科技大学出版社
University of Electronic Science and Technology of China Press
·成都·

图书在版编目（CIP）数据

油气田开发数字化转型 BI 技术与实践 / 杜强，刘奇林，张晋海主编 . — 成都：成都电子科技大学出版社，2024.8

ISBN 978-7-5770-0889-9

Ⅰ.①油… Ⅱ.①杜… ②刘… ③张… Ⅲ.①数字技术－应用－油气田开发－研究 Ⅳ.① TE3

中国国家版本馆 CIP 数据核字（2024）第 037463 号

油气田开发数字化转型 BI 技术与实践

YOUQITIAN KAIFA SHUZIHUA ZHUANXING BI JISHU YU SHIJIAN

杜　强　刘奇林　张晋海　主编

策划编辑　　段　勇　李春梅
责任编辑　　罗国良
责任校对　　陈姝芳
责任印制　　段晓静

出版发行　　电子科技大学出版社
　　　　　　成都市一环路东一段 159 号电子信息产业大厦九楼　邮编 610051
主　　页　　www.uestcp.com.cn
服务电话　　028-83203399
邮购电话　　028-83201495

印　　刷　　成都市火炬印务有限公司
成品尺寸　　170 mm×240 mm
印　　张　　6.75
字　　数　　118 千字
版　　次　　2024 年 8 月第 1 版
印　　次　　2024 年 8 月第 1 次印刷
书　　号　　ISBN 978-7-5770-0889-9
定　　价　　88.00 元

编委会

主　编

杜　强　刘奇林　张晋海

副主编

杜　诚　谢　荣　周际春

编　委

姚　江　曹　建　刘　鹏

张　驰　彭　武

前　言

数字经济是全球经济未来的发展方向，是推动世界经济发展的重要动能。数字化转型作为数字经济发展的重要着力点，广泛赋能各行业各领域，已成为激发企业创新活力，推动经济发展质量变革、效率变革、动力变革，提升国家数字竞争力的核心驱动。

油气行业作为传统工业产业，面对能源革命和能源转型加快推进的新形势、新趋势，必须有效利用以云计算、物联网、大数据、人工智能等为代表的数字技术，驱动业务模式重构、管理模式变革和商业模式创新，进而提升核心能力，实现产业的转型升级和价值增长。中国石油天然气集团有限公司围绕全业务链一体化协同建设，将油气生产运营各环节中相互密切联系的关键要素、运行机制、配置策略进行统筹考虑，利用数据高效流动，突破业务高质量发展制约瓶颈，打造"管理＋技术＋操作"全业务链优化运营模式。

本书以"BI 技术应用与油气田开发"为主要内容，传承中国石油企业文化优秀基因，融合石油事业建设发展的持续探索和卓越实践，积极推广数字化转型升级的新方法、新思路，切实提升其核心竞争力和行业话语权，为油气田数字化转型提供有价值的参考依据。

借本书出版之际，特别感谢中国石油西南油气田分公司川西北气矿的周光亮、邓启志、黄耀、何泉、马悦、尹瀚翔、贾宁、罗召钱、李强、倪丹、吉尚策、杨浩、郭彦君、欧阳伟、刘燕，中国石油西南油气田数字智能技术分公司的康璐、魏巍，成都瑞创致远科技有限公司的陆泽民、杨旭、周凯强，他们在资料整理、算法优化、代码编写和试验验证方面做了大量的工作，在这里对他们表示真挚的感谢！

目　录

第一章　概述 ·· 01

　　1.1　引言 ··· 02

　　1.2　油气田数字化转型的发展现状 ······················· 02

　　1.3　油气田数字化转型的建设规划 ······················· 04

第二章　川西北气矿数字化转型开发技术 ············· 06

　　2.1　数字化转型技术分析 ····································· 07

　　2.2　数字化转型开发工具 ····································· 11

第三章　川西北气矿数字化转型开发实例 ············· 24

　　3.1　开发管理部需求报表 ····································· 25

　　3.2　地质勘探开发研究所需求报表 ······················· 60

　　3.3　开发对标指标 ··· 64

第四章　应用总结 ·· 98

概　述　第一章

1.1 引　言

随着新一代网络信息技术的飞速发展，人类社会正逐渐由工业经济时代迈入以移动互联网、物联网、大数据、云计算、人工智能、区块链等新型数字技术的融合发展为重要特征的数字经济时代。在全球经济复苏相对乏力、全球服务流动增速放缓、传统经济持续低迷的背景下，新兴的数字经济被视为撬动全球经济的新杠杆。数字经济的本质在于数字化，其以数字化信息为关键资源，利用信息与通信技术实现交流、合作、交易的数字化，并最终推动经济社会的进步与发展。

油气行业作为传统工业产业，面对能源革命和能源转型加快推进的新形势、新趋势，必须有效利用以云计算、物联网、大数据、人工智能等为代表的数字技术，驱动业务模式重构、管理模式变革和商业模式创新，进而提升核心能力，实现产业的转型升级和价值增长。同时，油气企业只有对组织、流程、业务模式和员工能力进行系统性的彻底的重新定义，数字化转型才能成功。

多年来，中国石油天然气集团有限公司（后简称"中国石油"）把信息化纳入创建世界一流示范企业的目标体系，把数字化转型作为贯彻习近平总书记关于建设网络强国、数字中国等重要指示精神的具体行动，作为推进公司治理体系和治理能力现代化的重大战略举措，大力推动互联网、大数据、人工智能等与油气业务融合应用，着力培育新的增长点，加快形成新动能，驱动公司高质量发展。

1.2　油气田数字化转型的发展现状

从 20 世纪 80 年代开始，历经 30 多年建设，中国石油的信息化建设取得跨越式发展。依照中国石油信息技术总体规划和"两统一、一通用"蓝图，中国石油建成并应用了 A1、A2、A5、A6、A8、A11、D2 等 7 个统建系统。同时，各油气田根据自身特点开发了一系列典型应用，建成了从作业区、油气矿、油气田公司到中国石油的信息化支撑体系，基本覆盖了勘探开发核心业务和关键环节。在油气生产领域，中国石油累计建成各类数字化井 19.4 万口、数字化站 2.02 万座，分别占中国石油井、数字化站总数的 68% 和 78%，其中，长庆、塔里木、西南、大港、青海、吐哈、冀东等 10 个油气田基本实现全覆盖，初步实现了数字化、可视化、自动化。

中国石油信息化经历了从分散建设到集中建设、集成应用，目前整体迈入共享智能的新阶段。油气田信息化建设优化了生产流程、优化了劳动组织架构，提高生产效率、提升管理水平、减少一线用工、降低安全风险，保障油田生产安全、环保、平稳地运行，促进节能降耗，显著提升了企业发展质量和效益。与国际领先的石油公司相比，中国石油在数字化、智能化领域仍存在较大差距，主要体现在数字化覆盖率、数据共享及标准化程度、信息系统应用深度和广度、信息化与自动化集成能力、智能化应用水平及信息化对生产作业一线的支撑能力等方面。油气行业数字化还远未达到改造整个行业、改变业务形态的程度，数字化转型还有很长的路要走。

根据中国石油数字化转型、智能化发展总体规划，实现"数字中国石油"的重要标志是建设中国石油统一的工业互联网体系，实现"智慧中国石油"的重要标志是建设企业全感知、全联接、全分析、实时响应的智能孪生体。中国石油在"十四五"期间，以国家工业互联网技术架构为指引，以平台化、敏捷化、智能化为特征，打造中国石油工业互联网新体系。中国石油围绕"一张网、一朵云、一个湖、一个平台、统一基础应用"，形成统一的"网络＋数据中心＋云资源"云网融合资源服务；按照"厚平台、薄应用"的技术架构，构建数据、业务和通用技术的微服务池，形成基于中台的共享服务体系；打造"通用应用＋专业应用"敏捷化软件（即服务应用体系），全面构建新型基础设施。同时，中国石油规划设立了"ABCDE"五大数字底座，围绕人工智能平台（A）、大数据分析平台（B）、云技术平台（C）、数据湖（D）和边缘计算平台（E）的建设，打造统一的数字底座，为企业的数字化转型、智能化发展提供支撑。

中国石油围绕勘探开发业务发展需求，遵循统一规划，提出了"十四五"末初步建成智能油气田的7项具体规划：第一项，各类数据实现源头统一采集，规范数据治理，加强全业务领域数据的共享与应用，基本形成高价值的勘探开发数据资产；基本建成具备全业务链的勘探开发云平台，业务中台、数据中台；基本实现物联网全覆盖，感知生产动态，自动操控生产行为，预测生产变化趋势，优化生产管理，科学辅助生产的决策。第二项，支持勘探、开发、工程、储量、矿权等全领域的线上综合研究，基本实现多学科跨部门、前后方异地智能协同，基本建成智能处理解释、实时自动模拟与智能预测等智能应用。第三项，基本实现项目、投资、物资、销售等一体化智能管控分析，基本实现油气田全生命周期智能管理、生产经营全过程智能预测和优化。第四项，基本实现高效经营和精益生产；以业务流驱动，实现勘探、开发、工程、经济等多领域的综合精准科学决策。第五项，初步实现高危工作岗位由机器替代；事故警情基本实现全面感知和自动处置。第六项，初步实现风险隐患智能预测与智能处置。第七项，基本实现勘探开发安全环保受控。

自 2021 年开始，中国石油加快了数字化转型、智能化发展的落地建设，有力支撑上游业务提质增效、改革创新和高质量发展。基于中国石油统一云平台，中国石油加快了新一代梦想云平台的建设，构建了面向勘探开发业务领域的业务服务和数据服务，充实完善了业务中台和数据中台的功能，加强了数据湖应用，实现了核心业务的协同研究，为快速赋能生产运营各类业务应用提供了强大的平台支撑；进一步扩大物联网的覆盖范围，开展了数据源头统一采集和资产化管理，加强了网络安全建设，为进一步实现生产数字化、共享应用及智能分析提供了支撑；开展了一系列应用开发和提升建设，全面加强了对油气勘探、油气开发、新能源、协同研究、生产运行、工程技术、经营决策、安全环保和油气销售业务的信息化支撑。

1.3　油气田数字化转型的建设规划

中国石油高度重视企业数字化转型、智能化发展，站在油气田可持续发展的战略高度，以"信息化带动工业化，工业化促进信息化"的理念，把提高应用信息技术能力和促进信息技术的普及应用作为优先发展的两大领域，大力开展油田核心业务信息化，加强信息资源的深度开发、及时处理、传播共享和有效利用，使业务流程持续优化、生产运行有序高效、经营管理透明规范、决策支持及时有效、服务形式快捷多样，推进和谐油气田的建设进程。为此，中国石油制定了明确的未来发展目标。

第一阶段：到 2025 年，数字化转型取得实质进展，基本建成"数字中国石油"，完成集团公司统一的工业互联网体系建设，打造支撑集团公司和专业公司两级分工协作的云应用生态系统，在主要单位完成数字化转型重点业务场景推广，逐步建立支持集团公司高质量发展的新型业务模式、运营模式和组织模式，推进业务运行一体化、现场作业智能化，整体水平处于行业国际先进、国内领先。

到 2035 年，全面实现数字化转型，智能化发展取得显著成效，全面建成"数字中国石油"，搭建智能化生态平台，联接、协同、赋能生态合作伙伴，引领中国石油成为能源与化工行业生态系统的领导者，建成世界一流企业的基本构成和重要支撑。

第二阶段：到本世纪中叶，全面实现智能化发展，建成"智慧中国石油"，搭建企业全感知、全连接、全分析、实时响应的智能孪生体，与物理实体交互融合，自适应迭代优化，全面形成基于知识创新和价值创造的能源智慧生态。这成为建成基业长青世界一流企业的重要标志。

中国石油数字化转型的主要方向是：坚持以新发展理念为指引，从智能技术和产品创新等关键方向发力，将数字技术融入油气产业链的产品、服务和流程中，重构价值体系，调整生产关系，从产能驱动型发展模式转变为创新驱动型发展模式，着力以新要素、新动力、新能力为基础，形成符合"数字中国石油"特色的新产业、新业态、新模式。中国石油数字化转型具体包括智能技术和产品创新、推进生产智能化、建设一体化运营管理体系、加强用户服务智能化创新、加快推进产业生态建设五个方向。中国石油发布的《关于数字化转型、智能化发展的指导意见》，对下一步重点任务总结为以下四条：一是统一思想认识，围绕"数字中国石油"总体目标，做好数字化转型的顶层设计和试点示范建设；二是以价值为导向，研究基于用户、数据、创新驱动的场景化应用，通过数字化转型推动业务的高质量发展；三是通过数字化推动决策支持、经营管理、协同办公、协同研发和共享服务水平提升，推进公司治理体系和治理能力的现代化变革；四是按照"一个整体、两个层次"总体要求，打造一流的能源和化工领域工业互联网体系，为数字化转型技术赋能。

第二章 川西北气矿数字化转型开发技术

›› › › ›

2.1　数字化转型技术分析

2.1.1　需求调研

根据前期需求调研，本次数字化转型工作以中国石油天然气股份有限公司西南油气田分公司川西北气矿开发管理部和地质勘探开发研究所为主。其中，地质勘探开发研究所以周日报的统计报表为主，相关数据来源于川西北气矿数据系统，地质勘探开发研究所需要对数据进行汇总分析并自动生产周日报。开发管理部分为业务体系和开发指标对标体系两方面。业务体系为开发管理部业务部门每日需要对关注的产量、储量、销量、产能、商品率等指标进行不同维度的分析。开发指标对标体系是由一系列指标构成，用以定量评价开发业务水平。该体系由西南油气田分公司建立，其完成了指标计算和量化评分，评价了各生产单位目前所具备的优势和存在的短板，为下一步的开发工作提供指导。川西北气矿结合自身气矿情况，主要构建常规气开发指标对标体系，如图2-1所示。

在调研中发现，目前川西北气矿急需建设的部分主要围绕日常的工作汇报内容，需要将数据及时、准确地反馈回来，例如日报内容需要在每天上午11点前展示当天的数据，同时需要尽可能少地使用人工填报报表，尽量将不同系统的数据展示在同一张报表上。针对报表面向的不同人员，确定每个报表的实现方式，根据实现方式处理相关数据，将数据可视化，从而实现数字化转型。

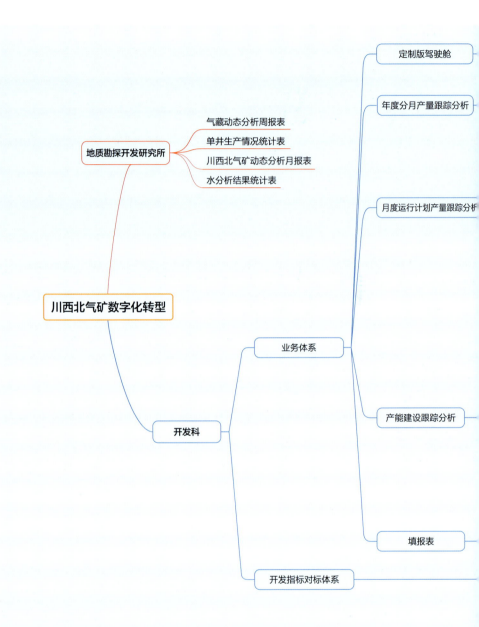

图 2-

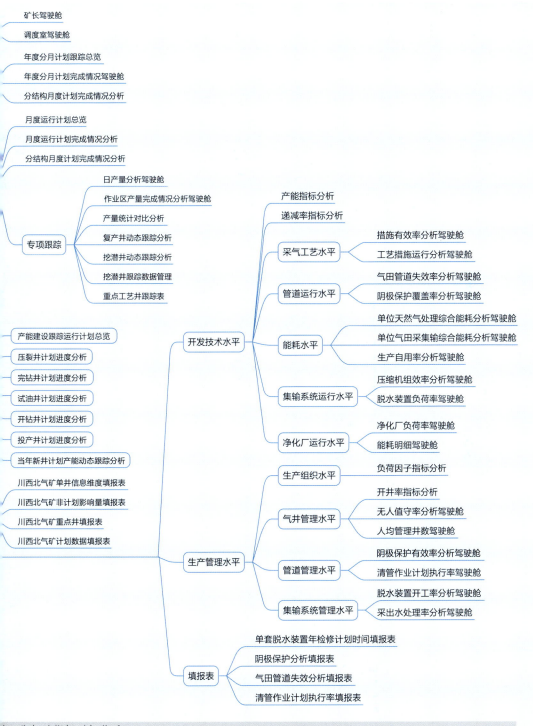

川西北气矿指标对标体系

2.1.2　痛点分析

在实际工作过程中，遇到的问题总结如下：

（1）涉及系统多，数据库多，数据分散，数据难以集成共享；

（2）基于办公软件形式的图表化展示，功能单一，难以实现数据的实时更新与线上共享；

（3）基于定制系统开发的数据可视化展示，其成本高，开发周期长，难以敏捷响应业务需求。

2.1.3　解决方案

利用 FineBI、FineReport 平台释放数据价值，让数据源于业务，用于业务。基于商业智能工具的数据分析与可视化服务，实现了拖曳式敏捷开发、数据实时更新与网页链接式数据共享功能，也减少了基于 B/S 架构的系统平台开发工作量。自助数据分析模式图如图 2-2 所示。

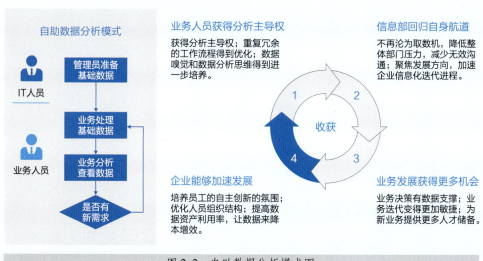

图 2-2　自助数据分析模式图

2.2　数字化转型开发工具

2.2.1　FineBI

2.2.1.1　FineBI 介绍

商业智能（Business Intelligence，BI）是利用技术手段或方法，将数据转化为知识，用以支撑企业决策、发掘商业价值的一套解决方案。以数据为中心，BI的核心功能主要有数据仓库、数据 ETL、数据分析、数据挖掘和数据可视化。

FineBI 是新一代大数据分析的 BI 工具，旨在帮助企业的业务人员充分了解和利用他们的数据。FineBI 凭借强劲的大数据引擎，用户只需简单拖曳便能制作出丰富多样的数据可视化信息，自由地对数据进行分析和探索，让数据释放出更多未知潜能。从本质上分析，FineBI 为企业提供了一站式商业智能解决方案，提供了集数据准备、数据处理、可视化分析、数据共享与管理于一体的完整解决方案，创造性地将各种"重科技"轻量化，使用户可以更加直观简便地获取信息、探索知识、共享知识。

FineBI 的功能结构包括数据层、应用层和展示层 3 个方面，如图 2-3 所示。

图 2-3　FineBI 的功能结构

其中，数据层用于设计用户创建数据源；应用层用于设计用户进行仪表板设计，管理人员配置用户和权限体系；展示层用于普通用户在前端进行可视化展示和分享，从而编辑和查看仪表板。

FineBI 是 B/S 架构的纯 Java 软件，其技术架构如图 2-4 所示。

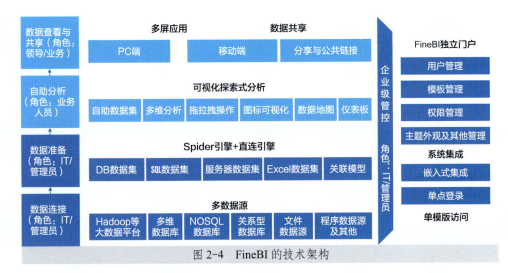

图 2-4　FineBI 的技术架构

2.2.1.2　FineBI 核心优势

1. 全新的分析路径

FineBI 提供分析主题概念。FineBI 通过分析主题，将用户完成一个分析所需要的数据、组件、仪表板更紧密地联系在一起，通过简单明确的操作路径，实现沉浸式数据分析，轻松掌握分析技能。FineBI 的分析路径如图 2-5 所示。

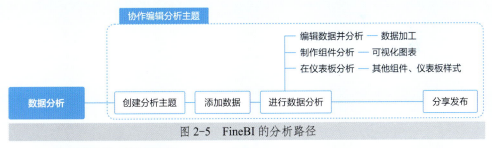

图 2-5　FineBI 的分析路径

2. 全面的数据分析能力

（1）数据接入

针对川西北气矿存在的多业务平台、多类型的数据库及多种类的数据接口的情况，FineBI 提供完善的数据接入能力，能够将多种形式的数据源全部对接到 FineBI 中进行分析。FineBI 支持超过 30 种以上的大数据平台和 SQL 数据源（包括 MySQL、Oracle 等主流关系型数据库），支持 SQL 读取数据表或视图，同时还支持 Excel 文件、XML 文件等文本数据源，并可以通过 FineReport 设计器支持多维数据库、程序数据集等更丰富的数据源，如图 2-6 所示。

大数据平台	关系型数据库	分析型数据库	文件数据源
Apache Kylin	Oracle	Vertica	Excel
华为 FusionSight	DB2	GreenPlum	TXT
华为 DWS	MySQL	SAP HANA	XML
星环 TransWarp	SQLServer	阿里云 ADS	CSV
APACHE IMPALA	Access		
Hadoop Hive	Informix		
SPARK	……	多维数据库	程序数据源及其他
Amazon Redshift		BW	Java API
Presto	NO SQL数据库	SSAS	Hibernate数据源
……	MongoDB	ESSbase	WebService/SOA 标准数据库

图 2-6　FineBI 数据支持

（2）数据分析

数据分析是为了提取有用信息和形成结论而对数据加以详细研究和概括总结的过程。通过前期调研川西北气矿实际需求，可以将用户分析行为总结为以下 5 步。

①筛选合适范围内的数据，如日期范围、维度等。

②添加合适的计算指标，如占比、排名、达成率等。

③制作图表并设置样式，如明细表、警戒线、标签等。

④设置多个图表、表格之间的效果，如联动、跳转等。

⑤分析数据并形成有效的结论。

（3）数据编辑

数据编辑是需要进行数据分析的用户对选择的数据进行筛选、校验、重新编排、修改、处理的过程，目的是得到业务分析所需范围的数据。FineBI 为用户提供 Excel 仿生式的数据编辑体验，通过数据编辑界面 4 个部分完成以上的操作。

① FineBI 封装各种典型的分析场景的操作内容，通过界面操作让用户无须公式也能完成对应的分析。常用的计算有：a. 日期格式转换，按需选择日期格式，如年、月、周等 18 个颗粒维度；b. 条件标签，根据多个维度或指标判断数据类型并给出标签说明；c. 其他表添加列，同 Excel 的 vlookup 功能，快速从其他表添加维度或指标；d. 文本拼接，在分组汇总的过程中，按照维度把多个文本拼接成一个；e. 行列转换，类似 Excel 的逆透视功能，将表在一维和二维之间进行转换；f. 汇总计算，方差、标准差、求和、求平均、最大、最小、记录个数、去重计数、同环比、累计值、占比等。

② FineBI 提供类似 Excel 的表头过滤、排序等操作，可以直接在表头进行数据类型的转换、过滤、排序，删减字段，调整顺序等操作。

③业务用户对于数据具有很高的敏感度，通过简单的汇总、求平均值，即可快速判断数据是否准确、是否存在异常值。FineBI 在页面下方提供快速数据校验功能，通过点击数据列自动计算该数据列数据的行数、维度或日期去重后的个数、数值类型汇总值、平均值，用于判断数据是否准确。

④传统的 Excel 分析有其明显的数据处理优势，但也存在了明显的弊端，如操作步骤不可见。FineBI 提供步骤管理的功能，可以针对历史操作步骤进行追溯，灵活调整历史操作步骤，解决历史操作不可见的问题。

（4）指标运算

在数据分析的过程中，针对指标的计算是必不可少的环节。无论是基于已有数据的汇总，还是基于不同维度添加新的计算指标，都需要用户对数据进行指标的计算。FineBI 为用户提供不同层次的指标计算能力，大部分的场景通过 FineBI 中的快速计算即可完成，对于多维计算、嵌套视图计算等复杂的场景，可以使用 FineBI 高级的 def（　）函数体系完成。

①针对明细数据进行汇总的场景，FineBI 提供的计算方式包含：求和、平均、中位数、最大值、最小值、标准差、方差。

②针对汇总结果进行二次计算的场景，FineBI 快速计算支持设置：同比 / 环比、占比、排名、累计值、所有值 / 组内所有值、当前维度百分比。

（5）数据可视化

在数据分析的过程中，FineBI 借助于图形化手段，能够清晰有效地传达与沟通信息。FineBI 的可视化分析为用户提供了无限的图表类型组合，即在同一个图表组件中可以组合成丰富的可视化效果图，包括柱形图、饼图、折线图、面积图、漏斗图、矩形块、填充地图、仪表盘等。除了基础的图表类型，FineBI 的可视化图表还可以实现日历图、颜色表格、kpi 指标卡等。FineBI 采用强大的数据处理引擎和优秀的图表渲染机制，满足更高数据量的要求，前端展示数据量可达百万级。同时，FineBI 支持可以将任意多种图表自定义设置，可单独设置各图表的属性。

FineBI 提供钻取功能，可以让用户在查看仪表板时动态改变维度的层次，它包括向上钻取和向下钻取。例如，查看气矿作业区数据时，可下钻查看作业区下每一口井的详细数据。

FineBI 支持设置默认联动，该模式下，用户的分析组件存在数据关联关系，组件之间就可以产生联动效果，并且触发联动的区域会高亮显示。同时，FineBI 支持跳转，并且支持对将要跳转到的组件传递参数值进行过滤。

FineBI 提供了多种多样的过滤组件，实现不同场景下的过滤诉求。通过 FineBI 的过滤组件可以快速实现以下效果。

①支持通过绑定多个表的同一个字段，实现对无直接关联的数据表的同时过滤。

②支持自定义控制范围，实现仪表板中部分组件过滤效果。

③支持基于当前时间设置动态时间，根据当前时间自动更新页面默认过滤值。

④支持预过滤和排序，过滤组件内只显示需要的候选值。

（6）数据解释

数据解释的作用是结合上下文分析用户所选的数据，并生成该数据的主要影响因素，更快更准确地辅助用户完成数据分析。在 FineBI 中，用户可以随时点击图表或表格中的异常数据，系统将自动生成该数据的主要影响因素。此外，FineBI 还支持用户自定义解释的维度，并根据自定义的维度进行数据解释。通过数据解释的辅助，资深的业务用户能更充分、更快速地利用自己的数据；而能力相对较弱的业务人员也可以快速进行更深入的数据分析。

3．便携的协作共享能力

用户的数据分析需求并不是独立的，很多场景下需要团队配合基于业务主题进行数据分析，也存在用户需要 IT 团队配合进行数据验证的场景。FineBI 针对此类场景提供了主题协作的功能，可以将一个主题内的数据集、文件夹一次性分享给其他用户进行查看或编辑，解决用户需要针对数据表或仪表板进行多次协作的困扰。

FineBI 提供以下两种发布共享的方式。

① FineBI 支持创建仪表板的公共链接并设置时效、验证密码，用户获取公共链接后无须登录系统，即可快速查看仪表板。

② FineBI 支持将开发好的固定看板挂到平台目录。管理员分配权限后，有权限的用户可自行查看，同时支持用户将常用的数据发布到公共数据空间中。管理员设置使用权限后，其他用户可引用进行二次分析。

4．企业级能力

（1）高并发、高可用

①业务高可用：集群由多个同步节点和异步节点组成，只要还有一台同步节点存活，就能够提供完整的数据，保证超强的数据查询高可用性。当数据更新在执行过程中出现异常（宕机或节点假死），则通过恢复机制，将正在进行的子流程重新恢复为执行前的状态，再重新执行，以保证更新业务的高可用。

②查询高并发：多台节点同时提供查询服务，实现真正的负载均衡，查询并发量与节点数量成正相关，提供可横向扩展的查询能力。

③提升更新吞吐量：可以通过增加节点的方式来极大地提高更新性能，更新耗时随节点数变多，呈非线性降低的趋势。

（2）高性能计算引擎

①以轻量级的架构实现海量数据分析：存储高压缩，先进的列式存储，大幅降低磁盘 IO，强大的数据压缩，让数据占用存储空间大幅降低，节省磁盘空间。内存计算 +ETL 逻辑，同时满足数据的快速计算与大数据量的处理，灵活支撑对轻量实时数据的分析与大数据量历史数据分析的需求。

②支持灵活的数据更新策略，让数据准备更加高效：抽取数据的单表高性能增量更新功能，可满足多种数据更新场景，减少数据更新时间，减少数据库服务器压力。用户历史数据量较大时，可以通过单表增量更新的方式，将历史数据分批次更新到 FineBI 中。

（3）企业级管理权限

FineBI 决策系统中的权限管理分为"权限项"和"权限受体"两个方面：

①权限项就是指被分配的对象，指物。FineBI 决策系统的权限项包括仪表板、平台管理、模板和数据连接。其中，模板和数据连接是在远程设计时使用。

②权限受体就是指将权限分配给谁，指人。FineBI 决策平台是基于角色的权限分配体系，受体主要是部门职位／角色，但在此之外，还专门为特殊权限分配需求提供了基于单个用户的权限设置功能。企业级管理权限架构如图 2-7 所示。

图 2-7　企业级管理权限架构

（4）多屏应用

FineBI 支持集成到移动应用程序中，并可按照移动设备操作特点显示，如支持页面的放大、缩小等，支持与 PC 端共用模板，减少开发量。FineBI 开发的原生 app（数据分析）应用，支持 IOS、Android 系统，支持图表手势操作、各种钻取联动等交互特性；支持移动设备硬件地址绑定，支持 VPN，支持单一登录、密码保护等多种安全性设置，保障用户的信息安全。

2.2.2　FineReport

2.2.2.1　FineReport 介绍

报表是以表格、图表的形式来动态展示数据，企业通过报表进行数据分析，进而用于辅助经营管理决策。FineReport 是一款用于报表制作、分析和展示的工具，用户通过使用 FineReport，可以轻松地构建出灵活的数据分析和报表系统，大大缩短项目周期，减少实施成本，最终解决企业信息孤岛的问题，使数据真正产生其应用价值。

FineReport 的功能结构（图 2-8）同样包括数据层、应用层和展示层。其中，数据层是设计人员创建报表数据源；应用层是设计人员进行报表设计，管理人员配置用户和权限体系；展示层是普通用户在前端执行报表的查询、分析、打印、导出、填报等操作，支持 PC、平板、移动端、大屏等设备，兼容主流浏览器。

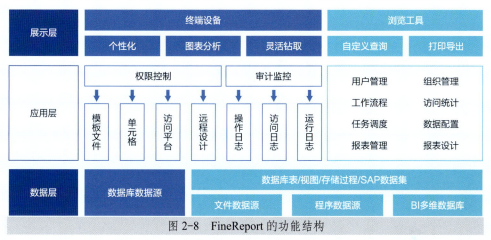

图 2-8 FineReport 的功能结构

FineReport 是纯 Java 软件，具有良好的跨平台兼容性，支持跟各类业务系统进行集成，支持各种操作系统，支持主流 Web 应用服务器。前台是纯 HTML 展现，无须安装任何插件。FineReport 的技术架构如图 2-9 所示。

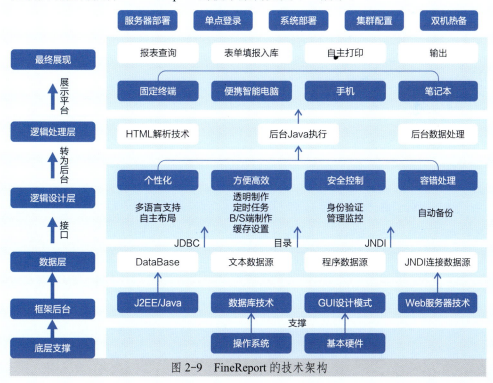

图 2-9 FineReport 的技术架构

FineReport 报表系统，从数据全链路流程来看，包括部署、数据准备、报表制作、报表使用、报表管理与集成五大核心部分。FineReport 支持通过多种连接方式连接不同数据源，所有的报表制作工作都在设计器中完成，并最终通过服务器解析展现给用户，如图 2-10 所示。

图 2-10　FineReport 应用架构

FineReport 报表系统主要由报表设计器和报表服务器两部分构成。

①报表设计器：可以进行表格、图形、参数、控件、填报、打印、导出等报表中各种功能的设计，是集报表应用开发、调试、部署的一体化平台。

②报表服务器：指在 Web 环境中解析报表的 Servlet 形式的服务器，用户通过浏览器和报表服务器进行应用交互。

2.2.2.2　FineReport 功能概述

1．多样的报表模式

FineReport 拥有多种报表模式（图 2-11），可适用于不同场景，满足不同企业需求。

①普通报表模式：采用的是类 Excel 的风格，专注解决中国式复杂报表，同时支持多 Sheet 和跨 Sheet 计算，兼容常用 Excel 公式，支持公式、数字和字符串的拖拽复制，支持行列变化时单元格引用的内容自动变化等，用户可以所见即所得地设计出复杂表样。

②聚合报表模式：用于支持不规则大报表的设计。传统 Excel 格子式的界面，在处理不规则报表时，需要频繁地合并、拆分单元格，工作极其烦琐。而此模式

下能高效地处理此类报表需求。

③决策报表模式：自适应驾驶舱的设计模式。

④大屏模式：故事性大屏、3D 场景展示。

⑤ Word 报告模式：基于 Word 加入动态数据、表格、图表进行报告设计，报告数据可实时变化，实现线上化、自动化。这就使得 Word 不再受限于设计器内单元格的格式，更快输出 Word 报告。

制作模式	普通报表	聚合报表	决策报表	FVS大屏	Word报告
适用场景	传统格子式复杂报表	不规则大报表	管理驾驶舱报表	零代码驾驶舱、3D大屏	Word报告
设计模式	单元格合并对齐与扩展	组件拖拽自由合并	图表/布局/参数/控件组件拖拽操作	场景地图/三维城市/图表/视频等组件拖拽操作	符合Word操作习惯，在编辑Word时可引入报表内容
优势功能	分组/交叉/分页/分栏树报表等传统复杂报表	便捷制作复杂表单元格扩展相互独立	布局推荐、模板主题、组件联动、局部刷新，在线组件库大量精美组件供复用	所见即所得，多分页设计模式，多种自适应，零代码3D场景搭建，离屏控制大屏播放	在Word中插入报表服务器的数据集字段、公式、报表结果等资源

图 2-11 FineReport 报表模式

2．全面的数据分析能力

（1）数据接入

FineReport 连接数据源的方式多种多样，支持通过 JDBC 的方式直接连接数据库，或通过 JNDI 的方式与应用服务器共享数据连接，也支持通过 JCO 连接 SAP 系统。FineReport 与 FineBI 相同，支持 SQL 数据源（包括 MySQL、Oracle 等主流关系型数据库），支持 SQL 取数据表或视图，同时还支持 Excel 文件、XML 文件等文本数据源，非常契合川西北气矿多业务平台、多类型的数据库及多种类的数据接口的情况。

（2）数据查询与过滤

在很多情况下，用户需要通过输入条件值，对数据进行查询，并灵活控制显示的数据范围。FineReport 通过参数及参数界面的定义，可以非常灵活地定义出强大的查询界面，由用户通过界面输入查询条件，来控制报表显示的内容及形式。除了由用户输入的参数外，还有部分报表中需要用的参数是由系统环境来决定的，如当前登录用户的用户名、角色、当前日期时间等。这些都可以通过设计或配置取得，进行灵活的数据分析。

（3）数据填报与校验

传统意义上的报表，把数据从数据库中取出来，然后以各种格式展现出来，对展示的结果可以进行导出、打印等。CRM、ERP、OA 等基础信息化系统中都会包含一些页面，提供给业务人员或用户对数据库进行增加、修改、删除等操作，这样的页面叫做填报报表。FineReport 的填报功能十分灵活，对数据和报表结构有着强大的处理能力：

①一张填报表中的数据可以指向多个不同数据库或数据表；

②数据的来源与去向是完全独立的；

③可以以不同样式、编辑风格多样化的页面将数据录入；

④拥有在线导入 Excel 数据功能，便于数据的分析。

FineReport 支持单元格自身、不同单元格间、不同 Sheet 间的数据校验，能通过即时校验、提交校验、公式校验、JS 校验等多种方式对数据的有效性和合法性做出判断，并将校验信息反馈给使用者，避免非法数据的入库，同时也降低了用户录入数据的错误率。

（4）可视化图表

FineReport 拥有自主研发的 HTML5 图表，也可接入 Echarts 等第三方控件来制作图表，还可以使用基于 webgl 等开发的新颖图表，全面满足数据报表的可视化开发需求。其中，自主研发的 HTML5 图表类型（图 2-12）和 50 余种图表样式，满足不同报表开发人群的需求，为多样化的数据类型提供全面的数据分析支撑。同时图表具有丰富的交互功能，极具视觉体验。

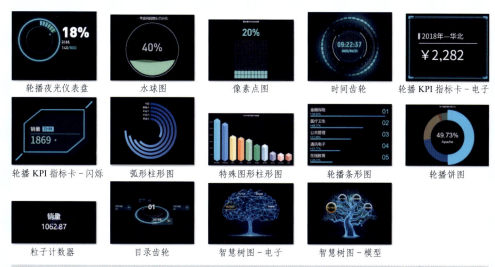

轮播夜光仪表盘	水球图	像素点图	时间齿轮	轮播 KPI 指标卡 - 电子
轮播 KPI 指标卡 - 闪烁	弧形柱形图	特殊图形柱形图	轮播条形图	轮播饼图
粒子计数器	目录齿轮	智慧树图 - 电子	智慧树图 - 模型	

图 2-12　FineReport 的 HTML5 图表

　　FineReport 的"扩展图表"目前支持多种图表，如三维轮播组合地图、轮播 GIS 点地图、粒子计数器、轮播 KPI 指标卡、时间齿轮、轮播夜光仪表盘、水球图等三维酷炫图表类型，且支持自动触发图表联动的动画效果，满足大屏及更多场景下的展示需求。FineReport 还支持图表样式 DIY，用户可以随意修改坐标轴、数据表、图标布局与风格设置、图表标题、图例、系列设置等属性，以使图表更加美观。

第三章

川西北气矿
数字化转型开发实例

本章将基于川西北气矿数字化平台建设过程中已开发完成的业务报表，以实例形式依次介绍每张报表相关的业务需求背景。通过介绍，可以更直观地理解如何将数字转化为业务需求，如何挖掘数字背后的商业价值及数字可视化的完整过程。

3.1　开发管理部需求报表

3.1.1　矿长驾驶舱

气矿领导一般比较注重气矿整体的储量、产量、销量等关键指标的趋势。之前，这些数据分别来自于不同的系统，且没有可视化图表展示，对数据提供的信息掌握较少，无法迅速捕捉数据的变化。所以川西北气矿希望能有一张面向气矿领导的驾驶舱，通过可视化的图表来展示这些数据情况，为下一步决策提供更好的数据支撑。同时，该报表需要成为气矿的"标杆"，提升气矿的形象，在确保数据全面展示的同时，还需要做到美观、大方。

根据业务需求，该报表的自定义部分较多，数据来源多，用 FineBI 工具无法很好地自定义该块内容。因此，我们运用 FineReport 工具，通过建设决策报表实现丰富的内容展示。

从维度方面，我们不仅需要按日、月、年维度对产量、储量、销量等指标进行趋势分析，还要分析不同作业区、区块、井类型、化工产品及各项进度的相关指标。

我们对产量和计划产量按日、月、年做趋势分析，使用面积图，通过点击右上角的"日""月""年"可以实现相互跳转。产量趋势分析如图3-1所示。

对于不同井类型

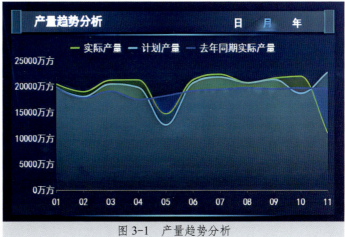

图 3-1　产量趋势分析

的产量和计划产量，我们使用特殊形状的柱形图展示来丰富页面效果。各类型井分析如图 3-2 所示。

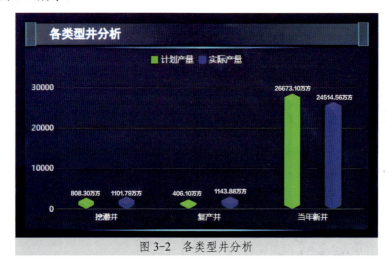

图 3-2　各类型井分析

对于销量部分，不仅需要按月、年做趋势分析，还需要对不同化工产品（天然气、液化气、稳定轻烃、凝析油）进行分类。通过点击不同化工产品，可以相互跳转。各化工产品销量趋势分析如图 3-3 所示。

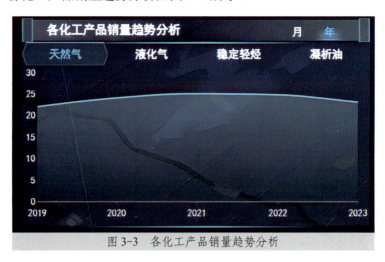

图 3-3　各化工产品销量趋势分析

对于时间进度、产量考核目标完成率、产量组织目标完成率、年销量完成率、商品率的指标，我们用试管形仪表盘和水球图进行展示，如图 3-4 所示。

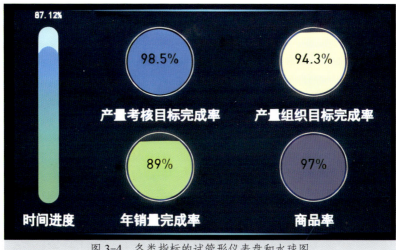

图 3-4　各类指标的试管形仪表盘和水球图

　　为了展示作业区的产量、销量等情况,我们采用了场景地图。地图可以很好地展示川西北气矿的矿权区域,以及不同作业区的一个排布情况。我们还添加了各个作业区重点井的产气量,让地图信息更加丰富。川西北气矿的各产业区数据信息如图 3-5 所示。

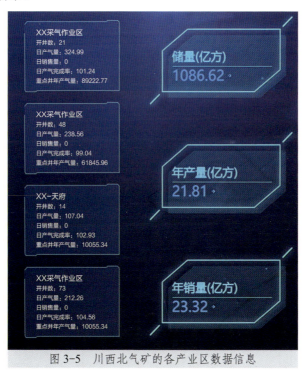

图 3-5　川西北气矿的各产业区数据信息

对于储量指标，我们使用轮播夜光仪表盘循环轮播地质储量采出程度、可采储量采出程度、可采储量采气速度、剩余可采储量采气速度 4 个指标内容。地质储量采出程度的轮播夜光仪表盘如图 3-6 所示。

图 3-6　地质储量采出程度的轮播夜光仪表盘

在各区块储量的对比分析中，我们使用堆积柱状图展示地质储量、技术可采储量、经济可采储量，如图 3-7 所示。

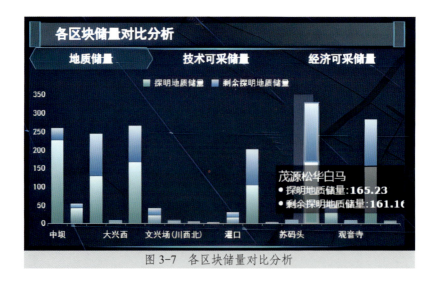

图 3-7　各区块储量对比分析

我们还在该驾驶舱增加了部分开发对标指标，如产能完成率、产能到位率、负荷因子、净化厂的处理气量和外输气量，以及非计划影响量。部分产能完成情况分析如图 3-8 所示。

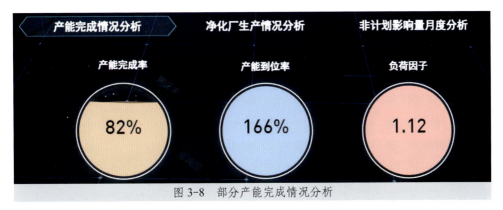

图 3-8　部分产能完成情况分析

最终，矿长驾驶舱如图 3-9 所示。

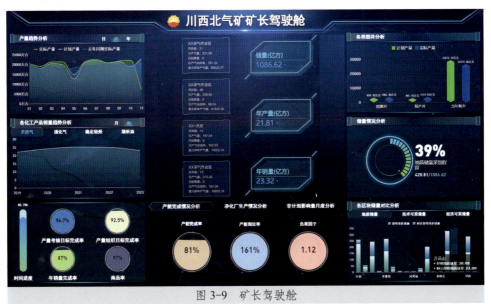

图 3-9　矿长驾驶舱

3.1.2　调度室驾驶舱

通过运用 FineReport 工具，建设决策报表，可以很好地解决业务需求报表自定义部分多、数据来源多的问题，实现丰富的内容展示。报表主要可分为以下 6 块内容展示。

（1）油气生产总信息：动态展示生产总量百分比、年计划产量值、年实际产量值和当年开井数，同时还需要展示重点井数、当年新井数、复产井数、挖潜井数的具体数量。

（2）天然气生产情况：分别动态展示自营油水混合物、致密油水混合物的日产量和月产量，同时以柱状图形式，对比不同区块下的自营气实际产量、计划产量、致密气实际产量，并以注释的形式显示具体数值。

（3）资源组织总况：以气泡图形式展示销售气量、上载气量，输气处、中石化、中贵线的气量，同时以堆积柱状图分析上载气量、下载气量、上下载气量差值的对比情况。

（4）天然气销售总况：动态展示年销量进度、计划销量、实际销量，同时以面积图形式展示当年各月份计划销量、实际销量的对比情况。

（5）天然气储量总况：动态展示地质储量总值，同时分别展示可采储量和剩余可采储量数值。

（6）净化厂处理信息：以水滴指标卡形式展示年累硫黄产量、年累原料气、年累产品气、年累液化气产量、年累稳定烷烃产量数值；以柱状图形式分析不同净化厂的原料气、产品气对比情况。

在报表中央视图中，以地图地貌的形式展示各井、输气站、管道走向等具体情况，并以指标卡形式展示总井数、区块、站库、气藏的数量，以及不同气种的实际产量、计划产量值。

调度室驾驶舱最终呈现效果如图3-10所示。

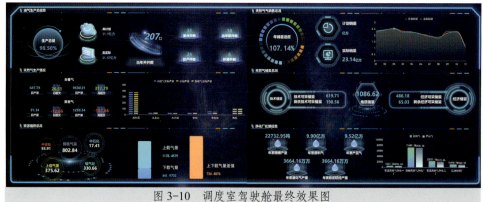

图3-10　调度室驾驶舱最终效果图

3.1.3　川西北气矿单井信息维度表

该维度表使用 FineReport 工具进行设计，需要实现查询、导出、填报、定时调度功能。表中以作业区、区块、井号、重点井为查询维度，展示自营情况、气种类型、领域划分、省市县划分、井类型、井状态、生产方式、投产日期、井分类等列表数据。同时重点井会以"红旗"图标进行标注。川西北气矿单井信息维度表如图3-11所示。

作业区：　区块：　井号：　重点井　　查询　提交

川西北气矿单井信息维度表

序号	重点井	作业区	区块	气藏	井号	*是否自营	*气种类型	*新领域	领域	省	市	县	井类型	井状态	生产方式	投产日期	井分类
100		XX采气作业区	天府		永浅104			天府简阳					预投产井			2024-01-31	
101		XX采气作业区	天府		永浅12-2-H1			天府简阳					预投产井			2025-01-01	
102		XX采气作业区	天府		永浅12-1-H3			天府简阳					预投产井			2025-01-01	
103		XX采气作业区	天府	沙溪庙组	永浅211			天府简阳	致密气新区	四川省	XX	XX县	当年新井			2023-12-19	当年新井
104		XX采气作业区	天府	沙溪庙组	永浅10			天府简阳	致密气新区				未投产井				
105	🚩	XX采气作业区	龙岗西	长兴组	龙岗062-C1	自营	常规气	龙岗西	龙岗西	四川省	XX	XX县	老井	连续生产井	自喷	2017-11-24	
106		XX采气作业区	龙岗西		龙岗63	自营	常规气	龙岗西	老气田				未投产井				
107		XX采气作业区	龙岗西		龙岗64	自营	常规气	龙岗西	老气田				未投产井				
108	🚩	XX采气作业区	龙岗西	长兴组	龙岗062-H2	自营	常规气	龙岗西	龙岗西	四川省	XX	XX县	上年新井	连续生产井	自喷	2022-06-07	
109		XX采气作业区	龙岗西	长兴组	龙岗69	自营	常规气	龙岗西	老气田				未投产井				
110		XX采气作业区	龙岗西	长兴组	龙岗68	自营	常规气	龙岗西	老气田				未投产井				
111	🚩	XX采气作业区	龙岗西	长兴组	龙岗062-X3	自营	常规气	龙岗西	龙岗西	四川省	XX	XX县	上年新井	连续生产井	自喷	2022-05-30	
112		XX采气作业区	龙岗西		龙岗62	自营	常规气	龙岗西	老气田				未投产井				
113		XX采气作业区	龙岗西		龙岗61	自营	常规气	龙岗西	老气田				未投产井				
114		XX采气作业区	飞仙关	茅口组	飞1	自营	常规气	未知	老气田				未投产井				
115		XX采气作业区	矿山梁		矿3	自营	常规气	未知	老气田				未投产井				
116		XX采气作业区	矿山梁		矿2	自营	常规气	未知	老气田	四川省	XX	市辖区	未投产井		长关井		
117		XX采气作业区	矿山梁		矿1	自营	常规气	未知	老气田	四川省	XX	XX县	未投产井		长关井	自喷	

图3-11　川西北气矿单井信息维度表

3.1.4　川西北气矿年度分月计划跟踪总览驾驶舱

对于业务人员来说，年度分月的计划完成情况是每月需要关注的重要指标。该指标分不同的维度，如是否自营、作业区、气种类型、井类型等。通过这几个维度，可对产量的计划完成情况进行年度分月的分析。通过该驾驶舱，我们能迅速看到不同维度下的井超欠产情况，以便为下一步计划制定打好基础。川西北气矿年度分月计划跟踪总览驾驶舱页面如图3-12所示。

图 3-12 川西北气矿年度分月计划跟踪总览驾驶舱

3.1.5 川西北气矿年度分月计划完成情况分析驾驶舱

年度分月计划完成情况分析驾驶舱是年度分月计划跟踪总览驾驶舱的明细页面。在该驾驶舱中，我们对每一口井的明细进行了展示，同时对未完成的井进行了标记，以便能快速定位井的完成情况。川西北气矿年度分月计划完成情况分析驾驶舱页面如图 3-13 所示。

3.1.6 分结构年度分月计划完成情况分析驾驶舱

分结构年度分月计划完成情况分析驾驶舱是对川西北气矿的老井、新井、上年新井的不同指标进行到月的分析，并将未完成的井进行标记。分结构年度分月计划完成情况分析驾驶舱页面如图 3-14 所示。

3.1.7 川西北气矿月度运行计划总览驾驶舱

对于业务人员来说，在了解月度完成进度的同时，也要对日的完成进度进行分析。我们从是否自营、作业区、气种类型及井类型等维度来对产量的计划完成情况进行到日的分析。在年度分月的驾驶舱中，我们取到的计划数据为单井到月的计划数据，而在月度运行计划中，我们则是取单井到日的计划数据来计算其完成率。川西北气矿月度运行计划总览驾驶舱页面如图 3-15 所示。

3.1.8 川西北气矿月度运行计划完成情况分析驾驶舱

川西北气矿月度运行计划完成情况分析可见月度运行计划总览的明细页面。同样地，在该驾驶舱中，我们对每一口井的明细进行了展示，同时对未完成的井进行了标记。川西北气矿月度运行计划完成情况分析驾驶舱页面如图 3-16 所示。

3.1.9 分结构月度计划完成情况分析驾驶舱

该驾驶舱使用 FineBI 工具，分为 5 个板块进行设计。

（1）以日期区间、结构、自营情况、井号 4 个维度作为该驾驶舱的筛选框，实现数据之间的相互联动，展示新投产井数、计划开井数、计划产量、实际开井数、实际产量、超欠产量的数值。

（2）分领域产量完成情况统计表：按照领域、井类型、井号，展示计划开井数、计划产量、开井数、实际产气量、超欠产量、完成率的明细数据及合计值。

川西北气矿年度分月计划完成情况分析驾驶舱

日期 2023 年 10 月 10 月 月 号 #号 无限制 首页 自营

年度分月计划	年度分月日均	月度完成	月度完成日均	月度超欠
185,827万方	5,994万方/天	20,068万方	647万方/天	14万方

分领域完成情况统计表

领域/井类型/井号	月度完成(万方)	日均(万方/天)	年度分月计划(万方)	年度分月日均(万方/天)	月度超欠	完成率	负荷因子
中鱼须家河	600.07	19.36	980.70	31.64	-3,806,335	61.19%	1
九龙山	1,216.49	39.24	1,116.00	36.00	1,004,896	109.00%	1
双鱼石	11,334.64	365.63	10,437.70	336.70	8,969,414	108.59%	1
大兴场	969.73	31.28	927.50	29.92	422,335	104.55%	1
川西南部蚧相	496.22	16.01	441.10	14.23	551,194	112.50%	1
平落坝	1,761.81	56.83	1,069.90	34.51	6,919,106	164.67%	1
梓潼地区	631.28	20.36	523.30	16.88	1,079,769	120.63%	1
龙岗西	3,058.00	98.65	1,600.00	51.61	14,579,984	191.12%	1
合计	20,068.24	647.36	17,096.20	551.49	29,720,363	117.38%	1

分作业区生产情况分析表

作业区/井类型/井号	月度完成(万方)	日均(万方/天)	年度分月计划(万方)	年度分月日均(万方/天)	月度超欠	完成率	负荷因子
○采气作业区	9,846.59	317.63	7,735.00	249.52	21,115,898	127.30%	1
□采气作业区	6,993.88	225.61	6,922.70	223.31	711,830	101.03%	1
△采气作业区	3,227.76	104.12	2,438.50	78.66	7,892,635	132.37%	1
合计	20,068.24	647.36	17,096.20	551.49	29,720,363	117.38%	1

图 3-13 川西北气矿年度分月计划完成情况分析驾驶舱

川西北气矿分结构年度分月计划完成情况分析驾驶舱

日期 2023　年 6　月 ∨　　分结构 老井 ∨ 置西自营 天然气

井号 全部选择

年度分月计划	年度分月日均	月度完成	月度完成日均	月度超欠
2,667,417万方	88,914万方/天	13,693万方	456万方/天	99万方

分领域完成情况统计表(分结构)

领域/井号	计	月度完成(万方)	日均(万方/天)	年度分月计划(万方)	年度分月日均(万方/天)	计	月度超欠	计	完成率	计	负荷因子	计
中坝源累河		1,027.14	34.24	814.00	27.13		2,131.448		126.18%		1	
九龙山		1,149.86	38.33	1,140.00	38.00		98.646		100.87%		1	
双鱼石		6,927.67	230.92	7,288.00	242.93		-3,603.335		95.06%		1	
大兴场		1,012.69	33.76	900.00	30.00		1,126.924		112.52%		1	
天府简阳		184.85	6.16	180.00	6.00		48.471		102.69%		1	
川西南部地相		480.07	16.00	382.90	12.76		971.652		125.38%		1	
平落坝		1,650.33	55.01	1,537.60	51.25		1,127.332		107.33%		1	
梓潼地区		394.55	13.15	223.00	7.43		1,715.453		176.93%		1	
龙岗西		866.13	28.87	855.00	28.50		111.288		101.30%		1	
合计		13,693.29	456.44	13,320.50	444.02		3,727.677		102.60%		1	

分作业区生产情况分析表(分结构)

作业区/井号	计	月度完成(万方)	日均(万方/天)	年度分月计划(万方)	年度分月日均(万方/天)	计	月度超欠	计	完成率	计	负荷因子	计
采气作业区		5,983.94	199.46	6,086.00	202.87		-1,020.574		98.32%		1	
采气作业区		4,381.41	146.05	4,234.00	141.13		1,474.074		103.48%		1	
采气作业区		3,327.94	110.93	3,000.50	100.02		3,274.379		110.91%		1	
合计		13,693.29	456.44	13,320.50	444.02		3,727.677		102.60%		1	

图 3-14 川西北气矿分结构年度分月计划完成情况分析驾驶舱

图 3-15　川西北气矿月度运行计划总览驾驶舱

川西北气矿月度运行计划完成情况分析驾驶舱

日期 2023-09-01 至 2023-09-30

计划开井数	实际开井数	计划产量	实际产量	超欠
150口	181口	21,387.50万方	21,609.54万方	222.04万方

分辖区产量完成情况统计表

区块/井类型/井号	计划开井数(口)	计划产量(万方)	开井数(口)	实际产量(万方)	超欠(万方)	完成率
中坝须家河	32	916.00	32	1,008.11	92.11	110.06%
九龙山	6	1,036.50	10	998.61	-37.89	96.34%
双鱼石	15	10,800.00	17	10,817.31	17.31	100.16%
大兴场	4	939.00	4	954.99	15.99	101.70%
天府蘑阳	11	2,328.00	10	2,011.87	-316.13	86.42%
川西南部晚相	49	344.80	67	495.17	150.37	143.61%
平落坝	13	1,508.20	21	1,700.71	192.51	112.76%
未知	1	8.00	0	0.00	-8.00	0.00%
梓潼地区	16	522.00	17	620.97	98.97	118.96%
龙岗西	3	2,985.00	3	3,001.80	16.80	100.56%
合计	150	21,387.50	181	21,609.54	222.04	101.04%

分作业区产量完成情况统计表

作业区/井类型/井号	计划开井数(口)	计划产量(万方)	开井数(口)	实际产量(万方)	超欠(万方)	完成率
广采气作业区	20	9,181.50	26	9,147.52	-33.98	99.63%
江采气作业区	53	7,086.00	53	7,299.28	213.28	103.01%
瑞采气作业区	77	5,120.00	102	5,162.74	42.74	100.83%
合计	150	21,387.50	181	21,609.54	222.04	101.04%

产量分级统计表（分辖区）

区块/井类型/井号	产量大于30万方气井井数(口)	产量大于30万方气井产量(万方)	产量5-30万方气井井数(口)	产量5-30万方气井产量(万方)	产量小于5万方气井井数(口)	产量小于5万方气井产量(万方)
中坝须家河			0	0.00	33	1,008.11
九龙山			4	788.69	15	209.93
双鱼石	5	7,076.94	8	3,491.38	9	248.99
大兴场			3	849.91	2	105.07
天府蘑阳	2	61.16	9	1,906.25	13	44.45
川西南部晚相			0	0.00	73	495.17
平落坝	1	1,416.49	1	183.47	22	100.74
未知			0	0.00	1	0.00
梓潼地区			3	431.60	16	189.37
龙岗西	1	1,329.62	2	1,672.19	0	0.00
合计	9	9,884.21	30	9,323.49	184	2,401.83

产量分级统计表（分作业区）

作业区/井类型/井号	产量大于30万方气井井数(口)	产量大于30万方气井产量(万方)	产量5-30万方气井井数(口)	产量5-30万方气井产量(万方)	产量小于5万方气井井数(口)	产量小于5万方气井产量(万方)
广采气作业区	2	2,736.35	14	5,952.26	23	458.92
江采气作业区	4	5,670.21	3	431.60	51	1,197.47
瑞采气作业区	3	1,477.66	13	2,939.64	110	745.44
合计	9	9,884.21	30	9,323.49	184	2,401.83

图 3-16 川西北气矿月度运行计划完成情况分析驾驶舱

（3）分作业区产量完成情况统计表：按照作业区、井类型、井号，展示计划开井数、计划产量、开井数、实际产气量、超欠产量、完成率的明细数据及合计值。

（4）产量分级统计表（分领域）：按照领域、井类型、井号，展示不同产量区间段内的井数明细数据及合计值。

（5）产量分级统计表（分作业区）：按照作业区、井类型、井号，展示不同产量区间段内的井数明细数据及合计值。

川西北气矿分结构月度计划完成情况分析驾驶舱最终效果图如图3-17所示。

3.1.10 日产量分析驾驶舱

该驾驶舱使用 FineBI 工具，分为 5 个板块进行设计。

（1）以作业区、气种类型、自营情况、日期4个维度作为该驾驶舱的筛选框，实现数据之间的相互联动，并在右上角实现跳转至日产量明细驾驶舱。

（2）以指标卡形式展示实际日产量、日超欠量、月完成产量、月超欠量、年累计完成产量、年计划产量、年计划完成率、年时间进度、天然气商品率的具体数值。

（3）以矩形图展示单井欠产、超产情况，并且可以下钻对应井的单井采气曲线。

（4）以柱状图展示各作业区日产量和日计划产量的对比情况，并以饼图展示各气种年产占比。柱状图可跳转至"川西北气矿单井生产综合数据"BI 驾驶舱，展示内容为作业区下所有井的明细数据。

（5）以表格形式展示重点井信息（包括作业区、区块、井号）、生产时长、产气量、产水量、放空量等明细数据。

川西北气矿日产量分析驾驶舱最终效果图如图 3-18 所示。

日产量明细驾驶舱使用 FineBI 工具设计，以作业区、气种类型、自营情况、日期4个维度作为该驾驶舱的筛选框，实现数据之间的相互联动，并在右上角实现跳转至日产量分析驾驶舱。

该驾驶舱以 3 个板块进行设计。

（1）产量完成情况统计表（作业区）：对不同作业区、井类型、井号，展示配产井数、配产气量、生产井数、生产气量、超欠产量、完成率等具体数据及合计值。

川西北气矿分结构月度计划完成情况分析驾驶舱

日期 2023-07-01　　老井　　2023-11-03

新投产井数	计划开井数	实际开井数	计划产量	实际产量	超欠
0口	151口	169口	52,779.24万方	56,867.48万方	4,088.24万方

分领域产量完成情况统计表

领域/井类型/井号	计划开井数(口)	开井数(口)	计划产量(万方)	实际产量(万方)	超欠(万方)	实成率
中坝须家河	32	33	3,827.60	3,857.96	30.36	100.79%
九龙山	9	10	4,319.00	4,390.75	71.75	101.66%
双鱼石	12	13	28,617.50	29,084.11	466.61	101.63%
大兴场	4	4	3,802.60	4,000.31	197.71	105.20%
天府葡阳	1	1	756.00	942.40	186.40	124.66%
川西南部陆相	60	69	1,542.60	2,078.70	536.10	134.75%
平落坝	16	24	5,333.40	7,092.28	1,758.88	132.98%
未知	1	0	12.00	0.00	-12.00	0.00%
梓潼地区	15	15	1,366.54	1,742.27	375.73	127.50%
龙岗西	1	0	3,202.00	3,678.69	476.69	114.89%
合计	151	170	52,779.24	56,867.48	4,088.24	107.75%

分作业区产量完成情况统计表

作业区/井类型/井号	计划开井数(口)	开井数(口)	计划产量(万方)	实际产量(万方)	超欠(万方)	实成率
采气作业区	19	21	23,296.50	24,339.27	1,042.77	104.48%
采气作业区	51	51	18,048.14	18,414.52	366.38	102.03%
采气作业区	81	98	11,434.60	14,113.69	2,679.09	123.43%
合计	151	170	52,779.24	56,867.48	4,088.24	107.75%

产量分组统计表(分领域)

领域/井类型/井号	产量大于30万方气井数(口)	产量大于30万方气井产量(万方)	产量5-30万方气井数(口)	产量5-30万方气井产量(万方)	产量小于5万方气井数(口)	产量小于5万方气井产量(万方)
中坝须家河	0	0.00	1	10.34	33	3,847.62
九龙山	0	0.00	6	3,656.82	17	733.93
双鱼石	3	18,525.39	5	9,435.00	9	1,123.72
大兴场	0	0.00	3	3,537.39	3	462.92
天府葡阳	0	0.00	1	935.38	1	7.02
川西南部陆相	1	5,853.37	3	793.58	73	2,078.70
平落坝	0	0.00	0	0.00	23	445.33
未知	0	0.00	0	0.00	0	0.00
梓潼地区	0	0.00	1	999.86	16	742.41
龙岗西	1	271.32	1	3,407.37	1	0.00
合计	5	24,650.08	21	22,775.74	176	9,441.65

产量分组统计表(分作业区)

作业区/井类型/井号	产量大于30万方气井数(口)	产量大于30万方气井产量(万方)	产量5-30万方气井数(口)	产量5-30万方气井产量(万方)	产量小于5万方气井数(口)	产量小于5万方气井产量(万方)
采气作业区	2	5,982.84	12	16,499.19	23	1,857.24
采气作业区	2	12,813.87	2	1,010.20	53	4,590.45
采气作业区	1	5,853.37	7	5,266.35	100	2,993.97
合计	5	24,650.08	21	22,775.74	176	9,441.65

图3-17　川西北气矿分结构月度计划完成情况分析驾驶舱最终效果图

川西北气矿日产量分析驾驶舱

作业区 无限制 | 气种类型 无限制 | 是否自营 自营 部分 | 日期 2023-10-25 | 点击前往明细驾驶舱

实际日产量（万方）	月完成产量（万方）	年累计完成（亿方）	计划产量(亿方)	天然气商品率
643.49万方	16,202.57万方	18.91亿方	21.9亿方	96.48%

日超欠（万方）	月超欠（万方）	年计划完成率	年时间进度
133.44万方	2,097.37万方	91.53%	81.64%

单井欠产展示

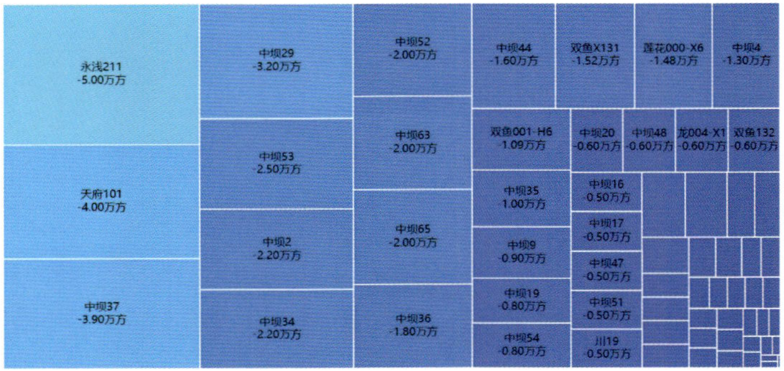

单井超产展示

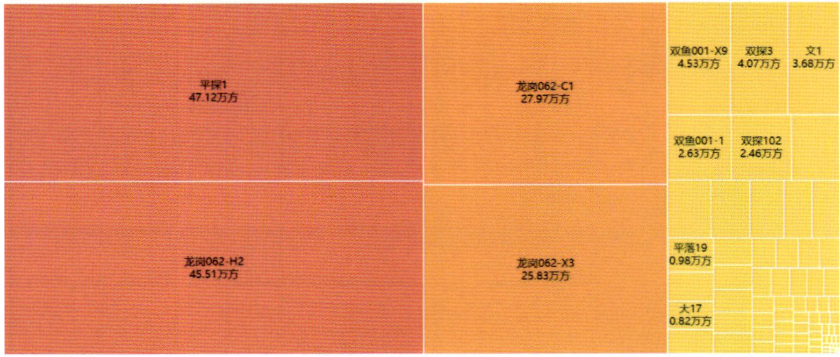

各作业区产量分析

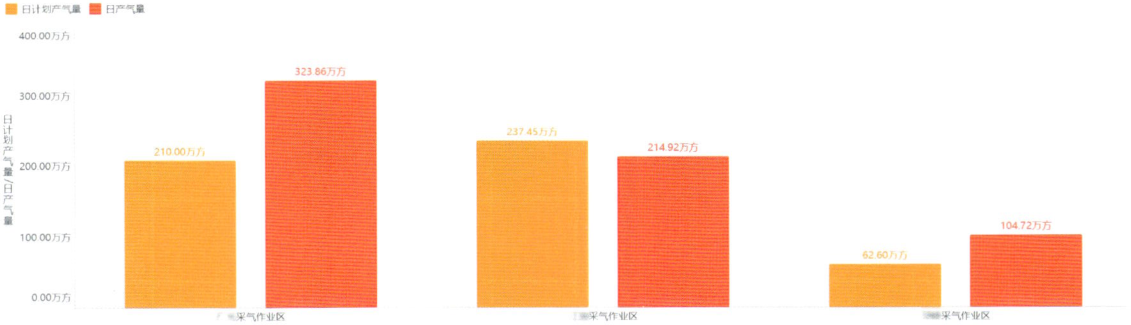

各气种年产占比

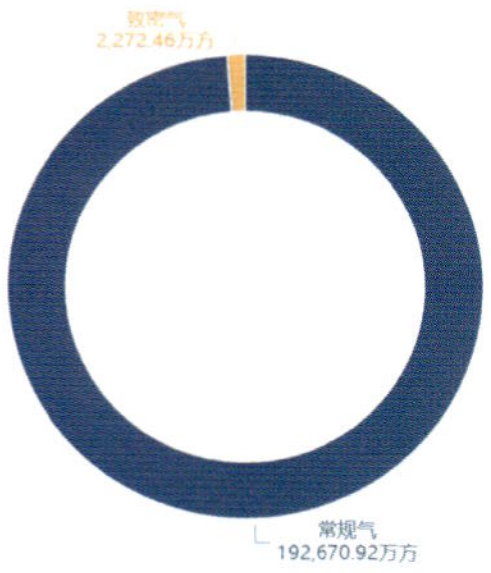

重点井明细

作业区	区块	井号	生产时长(小时)	产气(万方)	产水量(方)	放空量(方)	月产气量(万方)	年产气量(亿方)	累产气量(亿方)
	九龙山	龙004-6	24	5.19	185.3	0	0.01	0.16	0.83
		龙004-X1	24	7.40	19.41	0	0.02	0.22	2.73
		龙016-H1	24	10.68	180.2	0	0.03	0.33	5.55
		龙016-H2	24	6.00	436.8	0	0.01	0.17	1.27
		双探12	24	17.52	24.1	0	0.02	0.50	2.66
采气作业区		双鱼001-1	24	22.63	2.5	0	0.06	0.59	7.04
	双鱼石	双鱼001-H2	24	22.97	2.4	0	0.06	0.63	1.89
		双鱼001-H6	24	13.91	13.1	0	0.03	0.31	0.33
		双鱼001-X3	24	18.57	3.6	0	0.05	0.55	2.46
		双鱼001-X7	24	18.33	2.6	0	0.05	0.53	0.53
		双鱼X131	24	43.48	7.5	0	0.12	1.31	8.68
	龙岗西	龙岗062-C1	24	27.97	9.4	0	0.07	0.88	5
		龙岗062-H2	24	45.51	11.1	0	0.11	1.33	2.03
		龙岗062-X3	24	25.83	79.8	0	0.06	0.72	1.3
		双探107	24	37.02	6.19	0	0.09	1.02	2.73
采气作业区	双鱼石	双探108	24	44.59	5.4	0	0.11	1.26	2.17
		双探18	0	0.00	0	0	0.00	0.03	0.14

图 3-18　川西北气矿日产量分析驾驶舱最终效果图

（2）产量完成情况统计表（领域）：对不同领域、井类型、井号展示配产井数、配产气量、生产井数、生产气量、超欠产量、完成率等具体数据及合计值。

（3）不同行政区生产情况：对不同省市区县下的井类型、井号，展示配产井数、生产井数、产气量等具体数据及合计值。

川西北气矿日产量明细驾驶舱最终效果图如图 3-19 所示。

3.1.11 作业区产量完成情况分析驾驶舱

该指标使用 FineBI 工具进行设计。首先，从维度方面，按日期区间对当年新井数、复产井数、挖潜井数、实际产量、超欠产 5 个指标进行数值展示，且能够根据"是否自营""作业区"进行筛选与联动。其次，需要分析不同作业区实际产量与计划产量的对比情况，以刻度表的形式分别展示当年新井产量、复产井产量、挖潜井产量的进度百分值，同时还需根据不同作业区、井类别、井号分别展示计划投产井数、实际投产井数、实际生产井数、实际产量的明细数据。作业区产量完成情况分析驾驶舱如图 3-20 所示。

3.1.12 产量统计对比分析

该指标使用 FineBI 工具进行设计。首先，从维度方面，按日期区间对当前总产量、对比总产量、产量增长值、产量变化率 4 个指标进行数值展示，且能够根据井号选择、是否自营、作业区、区块进行筛选与联动。其次，需要展示不同作业、区块、井号的当前总产量、去年同期总产量、产量增长值、产量变化率的明细数据。产量统计对比分析如图 3-21 所示。

3.1.13 复产井动态跟踪分析

该指标使用 FineBI 工具进行设计。首先，从维度方面，按日期区间对全年计划复产产量、计划复产井数、实际复产井数、实际复产生产井数、计划复产井年产量、实际复产产量 6 个指标进行数值展示，且能够根据"是否自营"进行筛选与联动。其次，需要分析不同作业区计划复产井数与实际复产井数的对比情况，同时还需根据不同作业区、井号分别展示计划复产井数、实际复产井数、实际复产生产井数、实际复产产量的明细数据。复产井动态跟踪分析如图 3-22 所示。

3.1.14 挖潜井动态跟踪分析

该指标使用 FineBI 工具进行设计。首先，从维度方面，按日期区间对全年

川西北气矿日产量明细驾驶舱

作业区 无限制	整合区块气 无限制	整合目标 无限制	日期 ⏱ 2023-11-03	点击返回上部驾驶舱

产量完成情况统计表（作业区）

作业区/井类型/井号	配产井数(口)	配产气量(万方)	生产井数(口)	生产气量(万方)	超欠产(万方)	完成率
广汉采气作业区						
— 上年新井						
龙岗062-H2	1	45.00	1	45.3615	0.36	100.80%
龙岗062-X3	1	26.50	1	25.6043	-0.90	96.62%
— 当年新井						
双探102	1	15.00	1	13.8966	-1.10	92.64%
双鱼001-H6	1	13.00	1	14.1844	1.18	109.11%
双鱼001-X7	1	18.00	1	18.3327	0.33	101.85%
— 老井						
双探1	0	0.00	0	0.0000	0.00	
双探12	1	17.00	1	17.0884	0.09	100.52%
双探3	0	0.00	0	0.0000	0.00	
双探8	1	4.00	1	4.1349	0.13	103.37%
双鱼001-1	1	25.00	1	13.0807	-11.92	52.32%
— 双鱼石						
合计	117	742.98	136	766.8127	25.83	103.48%

产量完成情况统计表（领域）

领域/井类型/井号	配产井数(口)	配产气量(万方)	生产井数(口)	生产气量(万方)	超欠产(万方)	完成率
九龙山						
— 老井						
龙004-6	1	5.00	1	5.14	0.14	102.79%
龙004-X1	1	7.00	1	7.18	0.18	102.50%
龙004-X2	1	1.00	1	1.01	0.01	101.06%
龙016-H1	1	10.00	1	10.36	0.36	103.64%
龙016-H2	1	7.00	1	7.35	0.35	104.99%
龙16	0	0.00	0	0.00	0.00	

本司行政区生产情况

省/市/区县/井型/井号	配产井数(口)	生产井数(口)	产气量(万方)	年产气量(亿方)	累计产气量(亿方)
四川省					
— 德阳县					
— 当年新井					
双探102		1	13.90	0.2089	0.21
— 广元市					
— 当年新井					
未深3-1-H2		1	14.16	0.0790	0.08
未深3-1-H3			7.56	0.0435	0.04

图3-19　川西北气矿日产量明细驾驶舱最终效果图

图 3-20 作业区产量完成情况分析驾驶舱

产量统计对比分析

日期区间 2023-01-01 ～ 2023-10-31

是否自营 无限制 >
选择井号 无限制 >

作业区：不限 广采气作业区 / 江油采气作业区 / 岷江采气作业区

区块：不限
九龙山 剑门 双鱼石 河湾场 龙岗西 中坝 文兴场(川西北) 柘坝场 老关庙 魏城镇 黎雅庙 周公山 大兴场 大兴西 天府 平落坝 张家坪 松华镇

当前总产量 (亿方)	对比总产量 (亿方)	产量增长值 (万方)	产量变化率 (%)
20.46	**19.0**	**14,618.71**	**7.69**

注：日期区间选择的是当前日期区间，系统会自动计算对比日期区间，例如选择日期区间为2022-08-01到2022-08-10，则对比日期期为：2021-08-01到2021-08-10

产量对比明细表

作业区/区块/井号	当前总产量 (万方)	去年同期总产量 (万方)	产量增长值 (万方)	产量变化率 (%)
广采气作业区				
九龙山	11,463.77	19,027.51	-7,563.74	-39.75
剑门	0	0	0	
南山岭	0	0	0	
中坝				
双鱼石	51,003.9	61,940.87	-10,936.97	-17.66
吴家坝	0	0	0	
大两会	0	0	0	
天山	0	0	0	
射箭河	0	0	0	
张家坝	0	0	0	
思依场	0	0	0	
曾家河	0	0	0	
河湾场	0	0	0	

图 3-21 产量统计对比分析

复产井动态跟踪分析

日期区间 2023-01-0 圖 - 2023-07-0 圖

是否自营 无限制 ∨

全年计划量产产量（万方）	计划产井数（口）	实际产井数（口）	实际量产生产井数（口）	计划量产年产量（万方）	实际量产产量（万方）
4,997	**35**	**24**	**24**	**4,647**	**457.49**

计划量产与实际量产井数对比分析

指标名称 ▓ 计划复产井数（口） ▓ 实际复产井数（口）

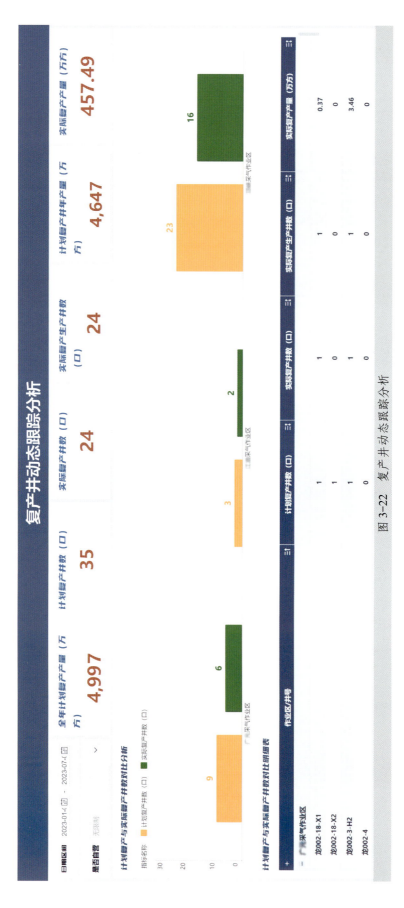

计划量产与实际量产井数对比明细表

作业区/井号	计划复产井数（口）	实际复产井数（口）	实际复产生产井数（口）	实际复产产量（万方）
▬ 广采气作业区				
龙002-18-X1	1	1	1	0.37
龙002-18-X2	1	0	0	0
龙002-3-H2	1	1	1	3.46
龙002-4	0	0	0	0

图 3-22 复产井动态跟踪分析

计划挖潜产量、计划挖潜井数、实际挖潜井数、实际挖潜生产井数、计划挖潜井年产量、实际挖潜产量 6 个指标进行数值展示，且能够根据"是否自营"进行筛选与联动。其次，需要分析不同作业区计划挖潜井数与实际挖潜井数的对比情况，同时还需根据不同作业区、井号分别展示计划挖潜井数、实际挖潜井数、实际挖潜生产井数、实际挖潜产量的明细数据。挖潜井动态跟踪分析如图 3-23 所示。

由于该部分指标没有建立相应的数据库，因此使用 FineReport 工具开发"挖潜井跟踪数据管理"填报表，用于支撑挖潜井动态跟踪分析驾驶舱的数据。该填报表以井号为查询条件，对挖潜井所在气矿、作业区、层位、气田等基础数据进行填报，对挖潜井日产气量、日产水量、工程节点等详细数据进行填报。同时，该填报表还需具备数据校验、导出、增加记录的功能，方便业务人员实时管理。

3.1.15　重点工艺井生产跟踪表

该跟踪表使用 FineReport 工具进行设计，需要实现查询、导出、填报功能。以日期、井号为查询维度，展示生产时间、日产气量、日产水量、油压、套压、输压等列表数据。同时对每一口井设置采气曲线，在所选日期区间内，展示以生产时间为纵坐标的生产时间、油压、套压的对比情况，以累产气量为纵坐标的累产水、累产气、水气比的对比情况，以日产水量为纵坐标的日产气量、日产水量的对比情况。重点工艺井生产跟踪表如图 3-24 所示。

3.1.16　产能建设运行跟踪总览

该运行计划进度表使用 FineBI 工具进行设计。以日期区间为筛选维度，分别对钻井、试油、压裂、投产 4 个板块的计划井数、实际井数、计划完成井数、实际完成井数进行统计并展示井口数值，并分别以刻度表形式体现 4 个板块的计划进度和完成进度。川西北气矿产能建设运行跟踪总览如图 3-25 所示。

3.1.17　压裂井计划完成情况分析

该驾驶舱使用 FineBI 工具进行设计。以开始压裂日期区间、完成压裂日期区间为筛选维度，分别展示计划开始压裂井数、实际开始压裂井数、开始压裂差异、完成率 4 个指标的数值，以及不同作业区、领域、井号下对应 4 个指标的明细数据表格。压裂井计划完成情况分析如图 3-26 所示。

图 3-23 挖潜井动态跟踪分析

井号: 庙201-X7　龙泰002-X1　龙鱼001-1　龙016-H1　双鱼　双室002-H3　TF开02　龙004-X2

已经选择的井号：双鱼001-X3,双鱼001-1,双鱼132,龙凤001-H2,龙凤062-C1,双鱼001-X7,双齐12,双齐131,双齐12,龙004-X1,龙016-H1,双鱼X133,龙016-H2,双齐8,龙凤062-H2,双齐001-X7,双齐102,龙004-6,双鱼X133,龙016-H2,双齐8,龙016-H1,双齐062-X3,龙凤062-H2,双齐102,龙004-X2

重点工艺井生产跟踪表

序号	井号	生产时间(h)	日产气(万方)	日产水(方)	油压(MPa)	套压(MPa)	关井油压(MPa)	关井套压(MPa)	开井最大油压(MPa)	开井最小油压(MPa)	开井最大套压(MPa)	开井最小套压(MPa)	输压(MPa)	采气曲线
1	龙004-6	24	4.6602	155	64.93	4.67			65.74	61.4	4.81	4.32	5.74	采气采油曲线
2	龙004-X1	24	6.3402	20.78	7.95	2.99			10.35	6.81	3.38	2.45	5.47	采气采油曲线
3	龙004-X2	24	1.8416	0	19.79	20.93			25.46	13.75	21.62	20.19	3.66	采气采油曲线
4	龙016-H1	24	10.2606	184.7	36.33	36.56			36.5	36.22	36.66	36.36	5.82	采气采油曲线
5	龙016-H2	24	7.3546	425.8	28.03	31.6			28.06	28	31.62	31.6	4.84	采气采油曲线
6	龙凤062-C1	24	28.0304	9.4	10.37	3.94			10.46	10.14	3.99	3.89	7.98	采气采油曲线
7	龙凤062-H2	24	45.1143	10.6	10.82	26.36			10.87	10.79	26.37	26.35	8	采气采油曲线
8	龙凤062-X3	24	25.1126	75.3	10.28	21.14			10.32	10.25	22.05	19.77	7.45	采气采油曲线
9	双齐102	24	15.8069	3.4	25.5	26.33			25.74	25.28	26.55	26.14	5.95	采气采油曲线
10	双齐12	24	17.0026	25.7	35.79	38.91			35.81	35.76	38.93	38.88	7.1	采气采油曲线
11	双鱼8	24	4.1601	43.1	17.72	0.02			17.8	17.63	0.03	0	6.02	采气采油曲线
12	双鱼001-1	24	24.8881	19.14	37.12	19.14			37.2	36.93	19.23	19.13	5.83	采气采油曲线
13	双鱼001-H2	24	22.8182	3.7	11.69	38.88			11.8	11.62	34.9	38.85	6.15	采气采油曲线
14	双鱼001-H6	24	15.5186	22.7	53.35	6.68			53.47	53.27	6.7	6.64	6.32	采气采油曲线
15	双鱼001-X3	24	18.4573	5	36	37.12			36.07	35.97	37.14	37.05	5.89	采气采油曲线
16	双鱼001-X7	24	18.4566	4.8	30.41	31.27			30.44	30.39	31.28	31.26	6.36	采气采油曲线
17	双鱼132	2.05	0	0	6.53	43.72	7.77	43.84	7.77	0.18	43.84	43.25	5.84	采气采油曲线
18	双齐131	24	49.4188	8.4	35.75	36.61			35.81	35.69	36.64	36.58	5.7	采气采油曲线
19	双齐X133	24	1.375	162.8	16.47	21.9			16.51	16.44	21.93	21.87	5.83	采气采油曲线

龙004-X1采气曲线

日期区间: 2023-10-14 - 2023-11-14 　[查询]

— 生产日期　— 油压　— 套压

套压(MPa)　油压(MPa)　累产水(方)　水气比(方/万方)　日产气量(万方)

— 生产日期　— 累产气　— 水气比　— 日产水　— 日产气

生产时间(t)　累气(万方)　日产水量(方)

图3-24　重点工艺井生产跟踪表

图 3-25 川西北气矿产能建设运行跟踪总览

压裂井计划完成情况分析					
开始压裂日期区间		计划开始压裂井数	实际开始压裂井数	开始压裂差异	完成率
2023-01-01	2023-12-31	**0 口**	**12 口**	**12 口**	**100%**
开始压裂井分析					
作业区 / 领域 / 井号		加护开始压裂井数	实际开始压裂井数	差异（口）	完成率
-XX 作业区					
- 致密气新区					
永浅 205		0	1	1	∞
永浅 210		0	1	1	∞
- 致密气老区					
文浅 201		0	1	1	∞
文浅 6-4-H1		0	1	1	∞
-XX 采气作业区					
完成裂口区间		计划完成压裂井数	实际完成压裂井数	完成压裂差异	完成压裂完成率
2023-01-01	2023-12-31	**0 口**	**0 口**	**0 口**	**0%**
完成压裂分析					
作业区 / 领域 / 井号		计划完成压裂井数（口）	实际完成压裂井数（口）	差异（口）	完成率
合计		0	0	0	

图 3-26 压裂井计划完成情况分析

3.1.18 完钻井计划完成情况分析

该驾驶舱使用 FineBI 工具进行设计。以日期区间为筛选维度，分别展示计划完钻井数、实际完钻井数、完钻差异、完钻井完成率 4 个指标的数值，以及不同作业区、领域、井号下对应 4 个指标的明细数据表格和合计值。完钻井计划完成情况分析如图 3-27 所示。

完钻井计划完成情况分析					
日期区间		计划完钻井数（口）	实际完钻井数（口）	完钻差异（口）	完钻井完成率
2023-01-01	2023-12-31	**14**	**6**	**−8**	**43%**
完钻井分析					
作业区 / 领域 / 井号		**计划完钻井数（口）**	**实际完钻井数（口）**	**差异（口）**	**完成率**
-XX 采气作业区					
−					
文浅 2-1-H2		1	0	−1	0%
− 致密气新区					
文浅 210		1	1	0	100%
− 致密气老区					
文浅 2-1-H1		1	0	−1	0%
文浅 2-4-H1		1	0	-1	0%
文浅 201		1	1	0	100%
文浅 202-4-H1		1	0	-1	0%
文浅 203-1-H1		1	0	-1	0%
文浅 203-4-H1		1	0	-1	0%
文浅 6-4-H1		1	0	-1	0%
文浅 7-4-H1		1	0	-1	0%
-XX 采气作业区					
−					
大探 1		1	1	0	100%
永浅 104		1	1	0	100%
− 致密气新区					
永浅 3-1-H4		1	1	0	100%
永浅 3-2-H1		1	1	0	100%
合计		14	6	−8	43%

图 3-27　完钻井计划完成情况分析

3.1.19 试油井计划完成情况分析

该驾驶舱使用 FineBI 工具进行设计。以开始试油日期区间、完成试油日期区间为筛选维度，分别展示计划开始试油井数、实际开始试油井数、开始试油差

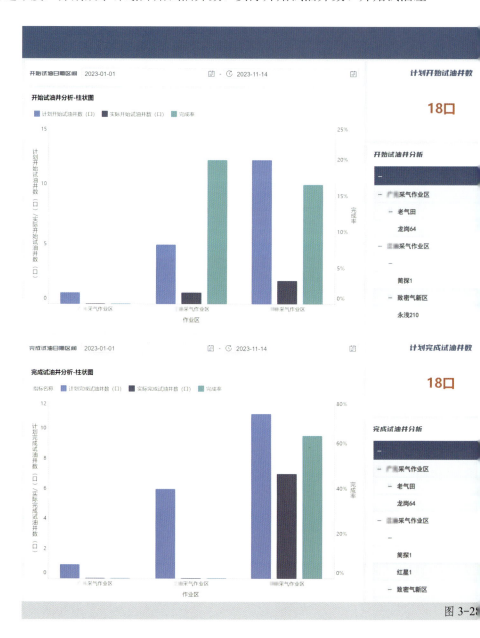

图 3-2

异、开始试油完成率 4 个指标的数值，以及不同作业区、领域、井号下对应 4 个指标的明细数据表格。同时，需要分析不同作业区的计划开始试油井数、实际开始试油井数、完成率的对比情况。试油井计划完成情况分析如图 3-28 所示。

试油井计划完成情况分析

实际开始试油井数	开始试油差异	开始试油完成率
3口	-15口	17%

作业区/领域/井名	计划开始试油井数（口）	实际开始试油井数（口）	开始试油差异	开始试油完成率
	1	0	-1	0%
	1	0	-1	0%
	1	1	0	100%

实际完成试油井数	完成试油差异	完成试油完成率
7口	-11口	39%

作业区/领域/井名	计划完成试油井数（口）	实际完成试油井数（口）	完成试油差异	完成试油完成率
	1	0	-1	0%
	1	0	-1	0%
	1	0	-1	0%

试油井计划完成情况分析

3.1.20 开钻井计划完成情况分析

该驾驶舱使用 FineBI 工具进行设计。以日期区间为筛选维度，分别展示计划开钻井数、计划井中开钻井数、实际开钻井数、开钻井差异、开钻井完成率 5 个指标的数值，以及不同作业区、领域、井号下对应 5 个指标的明细数据表格。开钻井计划完成情况分析如图 3-29 所示，各个计划版本开钻井数对比分析如图 3-30 所示。

开钻井计划完成情况分析

开始压裂日期区间		计划开钻井数	计划井中开钻井数	实际开钻井数	开钻井差异	开钻井完成率
2023-01-01	2023-07-10	**2 口**	**2 口**	**3 口**	**1 口**	**100%**

新井开钻井分析

作业区 / 领域 / 井号	计划开钻井数（口）	计划井中开钻井数（口）	实际开钻井数（口）	开钻井差异（口）	开钻井完成率 1	开钻井完成率 2
-XX 作业区						
－ 致密气新区						
永浅 201	1	1	1	0	100%	100%
永浅 6-4-H1	0	0	1	1		∞
-XX 采气作业区						
－ 老气田						
平深 001-H1	1	1	1	0	100%	100%
合计	2	2	3	1	100%	150%

图 3-29　开钻井计划完成情况分析

各个计划版本开钻井数对比分析

开始压裂日期区间		对比版本 1	对比版本 2
2023-01-01	2023-12-31	2023 年 1 月	2022 年 11 月

作业区 / 领域 / 井号	计划开钻井数版本 1	计划开钻井数版本 2	计划开钻井数动态版本	实际开钻井数动态版本
-XX 采气作业区				
－				
文浅 2-1-H2	0	0	1	0
－ 致密气新区				
永浅 12-1-H1	1	0	0	0
永浅 12-1-H2	1	0	0	0
永浅 201-1-H1	1	0	0	0

永浅 201-1-H2	1	0	0	0
永浅 205-1-H1	1	0	0	0
永浅 205-1-H2	1	0	0	0
永浅 206-1-H1	1	0	0	0
永浅 206-1-H2	1	0	0	0

图 3-30 各个计划版本开钻井数对比分析

3.1.21 当年新井投产计划完成情况分析

该驾驶舱使用 FineBI 工具进行设计。以日期区间、井号为筛选维度，分别展示计划投产井数、实际投产井数、计划新井产能、实际新建产能、新投产井差异、产能差异 6 个指标的数值，以及不同作业区、领域、井号下对应 6 个指标的明细数据表格。当年新井投产计划完成情况分析如图 3-31 所示，投产井计划与实际各个版本对比分析如图 3-32 所示。

当年新井投产计划完成情况分析

| 日期区间 2023-01-01 – 2023-12-31 井号选择 无限制 | 计划投产井数 **23 口** | 实际投产井数 **17 口** | 计划新井产能 **174.00 万方/天** | 实际新建产能 **174.00 万方/天** | 新投产井差异 **-6 口** | 产能差异 **-20.00 万方/天** |

投产井分析（领域）

作业区 / 领域 / 井号	计划投产井数（口）	计划新建产能（万方/天）	实际投产井数（口）	实际新建产能（万方/天）	投产井数差异（口）	产能差异（万方/天）
- 致密气新区						
-XX 采气作业区						
天府 101	1	5	0		-1	
永浅 1	1	6	1	6	0	0
永浅 12	1	6	1	6	0	0

投产井分析（作业区）

作业区 / 领域 / 井号	计划投产井数（口）	计划新建产能（万方/天）	实际投产井数（口）	实际新建产能（万方/天）	投产井数差异（口）	产能差异（万方/天）
-XX 采气作业区						
- 致密气老区						
文浅 202-4-H1	1	10	0		-1	
文浅 6-4-H1	1	7	0		-1	

图 3-31 当年新井投产计划完成情况分析

投产井计划与实际各个版本对比分析			
投产日期区间		对比年月版本 1	对比年月版本 2
2023-01-01	2023-12-31	2023 年 1 月	2022 年 2 月
作业区 / 领域 / 井号	计划投产井数版本 1（口）	计划投产井数版本 2（口）	计划投产井数动态版本（口）	实际投产井数动态版本（口）
- 致密气新区				
-XX 采气作业区				
天府 101	1	0	1	0
永浅 1	1	0	1	1
永浅 12	1	0	1	1
永浅 211	0	0	1	0
永浅 3	1	0	1	1

图 3-32　投产井计划与实际各个版本对比分析

3.1.22　当年新井计划产能动态跟踪分析

　　该指标使用 FineBI 工具进行设计。首先，以指标卡形式展示全年计划投产井数（年初版本）、全年计划投产井数（动态版本）、年生产能力、年度配产、目前实际投产井数、目前累计产量 6 个指标的具体数值，且能够根据"是否自营"进行筛选与联动。其次，需要分析各作业区年度产能配产与目前产量的对比情况，按月份分析产气量、配产量、生产能力的对比情况，同时还需根据不同作业区、领域、井号、投产日期分别展示上述 6 个指标的明细数据。当年新井计划产能动态跟踪分析如图 3-33 所示。

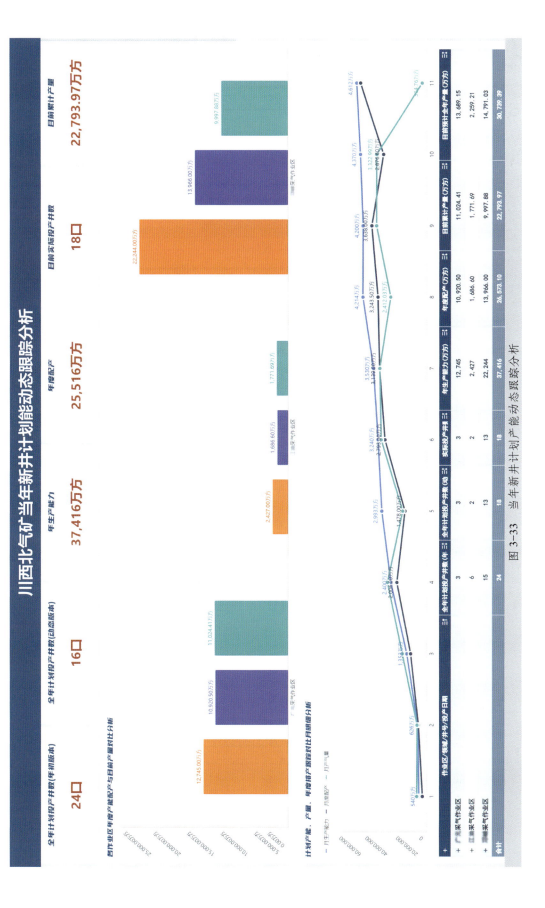

图 3-33　当年新井计划产能动态跟踪分析

3.1.23 川西北气矿重点井填报表

该填报表使用 FineReport 工具进行设计，主要对气矿重点井进行标记。以作业区为查询维度，根据不同领域在重点井前打勾，点击提交即可。川西北气矿重点井填报表如图 3-34 所示。

川西北气矿重点井填报表

白马庙	☐白马 002-1	☐白马 1	☐白马 10	☐白马 11	☐白马 2	☐白马 6	☐白马 8	☐白马 9
	☐白浅 102	☐白浅 103	☐白浅 103-1	☐白浅 103-3	☐白浅 103-4	☐白浅 103-5	☐白浅 104	☐白浅 105
	☐白浅 106	☐白浅 108	☐白浅 109H	☐白浅 110	☐白浅 111H	☐白浅 112	☐白浅 113H	☐白浅 114
	☐白浅 120H	☐白浅 121	☐白浅 122	☐白浅 123	☐白浅 124	☐白浅 125	☐白浅 203-2-X2	☐白浅 203-H1
	☐白浅 204-H1	☐白浅 23	☐白浅 25	☐白浅 26	☐白浅 27	☐白浅 29	☐白浅 32	☐白浅 33
	☐白浅 34	☐白浅 35	☐白浅 36	☐白浅 37	☐白浅 38	☐白浅 39	☐白浅 40	☐白浅 41
	☐白浅 42	☐白浅 44	☐白浅 45	☐白浅 46	☐白浅 47	☐白浅 48	☐白浅 49	☐白浅 53
	☐白浅 55	☐白浅 56	☐白浅 57	☐白浅 61	☐白浅 63	☐白浅 64	☐白浅 66	☐白浅 68
	☐邛崃 1							
大兴场	☐大深 001-X1	☐大深 001-X3	☐大深 001-X4	☐大深 003-X4	☐大深 1			
大兴西	☐大 19	☐大 2	☐大 3	☐大 4	☐大 5	☐大参	☐大浅 4	☐大浅 5
	☐大浅 6							
观音寺	☐大 15	☐大 17	☐大 18	☐大 20	☐大 21	☐大 23	☐大 23-1	☐大 23-2
	☐大 25	☐大 26	☐大 27	☐大 29	☐大 29-1	☐大 29-5	☐大 29-6	☐大 31
	☐观浅 1							
灌口	☐灌口 003-2	☐灌口 003-4	☐灌口 003-5	☐灌口 003-S1				
汉王场	☐汉 1							
莲花山	☐莲花 000-1	☐莲花 000-4	☐莲花 000-7	☐莲花 000-X2	☐莲花 000-X3	☐莲花 000-X5	☐莲花 000-X6	☐莲花 000-X8
	☐莲花 000-X9	☐莲花 002-X1	☐莲花 101	☐莲花 1-1	☐莲花 000-2			
茂源松华白马	☐茂源松华白马							
平落坝	☐平落 003-1	☐平落 005-1	☐平落 005-U1	☐平落 006-5	☐平落 006-U2	☐平落 006-U3	☐平落 012-2	☐平落 012-X3
	☐平落 1	☐平落 10	☐平落 11	☐平落 12	☐平落 13	☐平落 14	☐平落 15	☐平落 18
	☐平落 19	☐平落 2	☐平落 20	☐平落 3	☐平落 5	☐平落 6-1	☐平落 7	☐平落 8
	☐平落 9	☐平浅 1	☐平浅 10	☐平浅 11	☐平浅 12	☐平浅 13	☐平浅 14	☐平浅 15
	☐平浅 16	☐平浅 17	☐平浅 2	☐平浅 21	☐平浅 3	☐平浅 5	☐平浅 7	☐平探 1
邛西	☐邛浅 2	☐邛西 004-2	☐邛西 006-2	☐邛西 006-U1	☐邛西 006-U2	☐邛西 006-X1	☐邛西 006-X3	☐邛西 012-1
	☐邛西 10	☐邛西 11	☐邛西 12	☐邛西 13	☐邛西 14	☐邛西 16	☐邛西 3	☐邛西 4
	☐邛西 5	☐邛西 6	☐邛西 8					
松华镇	☐松华 1	☐松华 2						

川西北气矿重点井填报表								
苏码头	□码1	□码2	□码3	□码浅1	□码浅10	□码浅10	□码浅11-1	□码浅11-2
	□码浅11-3	□码浅13	□码浅13-1	□码浅13-2	□码浅14	□码浅14-1	□码浅14-2	□码浅14-3
	□码浅14-4	□码浅15	□码浅16	□码浅17	□码浅17-1	□码浅17-2	□码浅17-3	□码浅2
	□码浅20	□码浅21	□码浅21-2	□码浅21-3	□码浅23	□码浅23-1	□码浅23-2	□码浅25
	□码浅26	□码浅26-1	□码浅5	□码浅6	□码浅7	□码浅8	□码浅9	□面1
天府	□永浅1	■永浅12	□永浅206	□永浅215	■永浅3	■永浅3-1-H1	□永浅3-1-H2	□永浅3-1-H3
	□永浅3-1-H4	□永浅3-2-H1	■永浅3-2-H2	■永浅3-3-H1	□永浅3-3-H2	■永浅3-3-H3	□永浅3-3-H4	■永浅6
盐井沟	□盐1	□盐浅1	□盐浅2	□盐浅3	□盐浅4	□盐浅6		
油榨坨	□油榨1	□榨西1						
张家坪	□张家001-1	□张家001-X2	□张家001-X3	□张家001-X4	□张家1			
周公山	□周公1							

图 3-34 川西北气矿重点井填报表

3.1.24 川西北气矿计划数据填报表

该填报表使用 FineReport 工具进行设计，主要用于填写年计划的数据。以年份为查询维度，展示当前年份前后 5 年的计划年地质产量、计划工业产量、组织目标、计划致密气产量、计划商品率的具体数据。川西北气矿计划数据填报表如图 3-35 所示。

川西北气矿计划数据填报表											
年份	2018	2019	2020	2021	2022	2023	2024	2025	2026	2027	2028
计划年地质产量（亿方）			14.5902	18.9298	22.2716	21.9					
计划工业产量（亿方）						21.5					
组织目标（亿方）						22.88					
计划致密气产量（亿方）						3					
加护商品率（%）						97.6					

图 3-35 川西北气矿计划数据填报表

3.1.25　川西北气矿非计划影响量填报表

该填报表使用 FineReport 工具进行设计，主要用于填写每月的非计划影响量的值。以年份为查询维度，展示单位、场站 / 管道、原因、影响产量、非计划停产影响产量比的具体数据。川西北气矿非计划影响量填报表如图 3-36 所示。

川西北气矿非计划影响量填报表					
月份	单位	场站 / 管道	原因	影响产量	非计划停产影响产量比
01					
02					
03					
04					
05					
06					
07					
08					
09					
10					
11					
12					

图 3-36　川西北气矿非计划影响量填报表

3.2　地质勘探开发研究所需求报表

3.2.1　气藏动态分析周报表

该周报表使用 FineReport 工具进行设计，需要实现查询、导出、查看图表功能，默认展示当天及前一周的数据。以区块、气藏、日期区间为查询维度，展示井号、平均套压、平均油压、油压变化、日均产气量、日均产水量、平均水气比、累产气量、累产水量等列表数据。气藏动态分析周报表如图 3-37 所示。

井号	平均套压（MPa）	平均油压（MPa）	周期内油压变化（MPa）	上周期油压变化（MPa）	周期内日均产气量（10⁴m³）	上周期内日均产气量（10⁴m³）	周期内日均产水量（m³）	上周期内日均产水量（m³）	周期内平均水气比（m³/10⁴m³）	累产气量（10⁴m³）	累产水量（10⁴m³）
双探 102	26.77	26.05	0.76	−1.76	15.68	15.29	3.36	3.19	0.21	0.23	0.07
双探 107	8.65	65.32	0.08	0.06	36.62	36.82	4.42	5.69	0.12	2.80	0.44
双探 108	20.71	61.11	0.09	0	45.31	45.28	4.30	4.70	0.09	2.26	0.35
双探 12	38.88	35.82	0.09	−0.07	17.06	17.08	25.50	25.57	1.49	2.70	1.29
双探 18	0.00	0.00	0	0	0.00	0.00	0.00	0.00	0.00	0.14	0.83
双探 3	6.66	4.29	15.63	−5.49	0.36	0.83	1.10	3.61	0.92	0.39	0.20
双探 8	0.02	17.73	0.01	−1.09	4.15	4.13	43.31	43.26	10.45	1.29	4.71
双鱼 001−1	19.09	37.17	0.11	0.69	24.91	23.26	2.61	2.50	0.10	7.09	1.02
双鱼 001−H2	38.78	11.68	0	−0.21	22.81	22.88	3.53	2.61	0.15	1.94	0.32
双鱼 001−H6	6.21	52.16	−10.8	45.85	14.97	10.22	20.14	9.60	1.33	0.36	0.49
双鱼 001−X3	37.15	36.05	0.1	−0.32	18.45	18.47	4.64	3.76	0.25	2.50	0.56
双鱼 001−X7	31.30	30.44	0.06	−0.37	18.63	18.34	4.97	2.79	0.27	0.57	0.16
双鱼 001−X8	31.96	45.18	0.45	0	66.30	65.26	11.59	11.09	0.17	5.80	0.82
双鱼 001−X9	56.32	57.84	0.14	0.13	45.93	45.77	8.51	8.20	0.19	1.80	0.30
双鱼 132	41.56	41.5	0.85	0.67	0.01	1.01	0.64	40.93	171.43	2.02	2.33
双鱼 X131	36.72	35.75	0.02	0.03	49.60	49.42	8.60	8.50	0.17	8.78	1.23
双鱼 X133	21.98	16.45	−0.06	−0.32	1.74	3.26	162.93	169.80	103.41	2.37	13.88
合计	—	—	—	—	382.51	377.32	310.16	345.79	—	43.02	29.01

图 3-37　气藏动态分析周报表

3.2.2 气藏水分析结果统计表

该统计表使用 FineReport 工具进行设计，需要实现查询、导出功能，默认展示最近两次采样时间的数据，同时还需要井名的历史采样数据。以区块、气藏为查询维度，展示井名、取样时间、pH、特征离子含量、总矿化度等列表数据。气藏水分析结果统计表如图 3-38 所示。

水分析结果统计表										
井名	取样时间	pH	特征离子含量（mg/L）							总矿化度（mg/L）
			K⁺+Na⁺	Mg²⁺	Ca²⁺	Ba²⁺+Sr²⁺	Cl⁻	Br⁻	SO₄²⁻	HCO₃⁻	
双探 107	2023-04-28	6.3	391.07	177.64	1182.73	18.98	3026.93	2.59	27.83	461.31	5931.2
	2023-04-11	6.4	422.72	189.88	1264.72	19.74	3291.02	4.54	9.77	522.82	6477.6
双探 108	2023-04-21	6.7	53.51	197.94	518.26	1.79	1455.59	0.39	7.04	215.28	2725.4
	2023-04-09	6.4	96.5	332.05	868.35	1.56	2750.71	0.83	16.51	524.72	5149.4
双探 12	2023-03-10	6.7	20382.82	227.55	1505.81	494.26	25933.3	348.41	505.34	790.09	50295.1
	2023-01-09	6.5	21919.72	1907.83	226.44	582.19	28572.68	410.38	304.4	737.45	54767.9
双探 18	2023-04-06	7.8	159.5	118.36	578.26	9.63	1595.52	0.54	25.9	246.03	3089.6
	2023-02-08	5.7	26820.46	340.52	1630.83	477.06	34439.46	450.76	412.39	705.65	65296.6
双探 3	2022-11-22	7.4	1457.92	626.79	96.45	33.07	2682.97	49.82	50.57	1006.19	6179.7
	2022-06-10	5.7	7860.95	354.04	4462.95	209.37	20152	354.44	374.03	499.29	34557.5

图 3-38　气藏水分析结果统计表

3.2.3　气藏单井生产情况统计表

该统计表使用 FineReport 工具进行设计，需要实现查询、导出、查看采气曲线功能，默认展示当天及前一周的数据。以区块、气藏、井名、日期区间为查询维度，展示生产日期、生产时间、套压、油压、日产气量、日产水量、输压、水气比等列表数据。气藏单井生产情况统计表如图 3-39 所示。

单井生产情况统计表								
生产日期	生产时间	套压（MPa）		油压（MPa）		日产气量	日产水量	输压	水气比
	（h）	平均	关井	平均	关井	（万方）	（方）	（MPa）	（方/万方）
2023-11-09	24.00	31.95	—	45.42	—	65.22	11.61	6.27	0.18
2023-11-10	24.00	32.00	—	45.20	—	66.49	11.92	6.26	0.18
2023-11-11	24.00	32.00	—	45.12	—	66.72	11.47	6.23	0.17
2023-11-12	24.00	31.96	—	45.05	—	66.82	11.68	6.27	0.17

单井生产情况统计表								
生产日期	生产时间（h）	套压（MPa）		油压（MPa）		日产气量（万方）	日产水量（方）	输压（MPa）	水气比（方/万方）
		平均	关井	平均	关井				
2023-11-13	24.00	31.93	—	44.96	—	66.83	11.85	6.26	0.18
2023-11-14	24.00	31.89	—	45.04	—	66.74	11.40	6.24	0.17
2023-11-15	24.00	31.86	—	45.10	—	66.70	11.88	6.28	0.18

图 3-39　气藏单井生产情况统计表

3.2.4　气藏动态分析月报表

　　该月报表使用 FineReport 工具进行设计，需要实现查询、导出、查看图表功能，默认展示上两个月的数据。以区块、气藏、年月为查询维度，展示井名、生产时间、日均产气、日均产水、油压下降速度、单位油压降采气量、平均水气比、总矿化度、累产气量、累产水量等列表数据，同时还需展示两个月之间的波动幅度。气藏动态分析月报表如图 3-40 所示。

川西北气矿动态分析月报表

井名	2023-10								2023-09							波动幅度					
	生产日期(d)	日均产气(10⁴m³)	日均产水(m³)	油压下降速度(MPa/d)	单位油压降采气量(10⁴m³/MPa)	平均水气比(m³/10⁴m³)	总矿化度(mg/L)	累产气量(10⁸m³)	累产水量(10⁴m³)	生产日期(d)	日均产气(10⁴m³)	日均产水(m³)	油压下降速度(MPa/d)	单位油压降采气量(10⁴m³/MPa)	平均水气比(m³/10⁴m³)	总矿化度(mg/L)	日均产气(10⁴m³)	日均产水(m³)	油压下降速度(MPa/d)	单位油压降采气量(10⁴m³/MPa)	平均水气比(m³/10⁴m³)	总矿化度(mg/L)
双探108	29.64	43.01	6.00	0.02	2614.18	0.13	2725.40	2.20	3404.35	30.00	44.90	7.45	0.03	1480.28	0.17	2725.40	-1.89	-1.45	-0.01	1133.90	-0.03	0.00
双探18	0.00	0.00	0.00	0.00		3089.60	0.14	8326.83	0.00	0.00	0.00	0.00		3089.60	-2.78	-1.64	-0.04	1600.53	-0.02	0.00
双鱼001-H6	31.00	13.89	20.38	0.13	110.15	1.46	70195.60	0.34	4712.10	28.01	13.59	21.14	0.04	370.56	1.49	70195.60	0.31	-0.76	0.09	-260.41	-0.03	0.00
双鱼001-X8	29.89	64.32	10.60	0.02	2731.59	0.16	11260.80	5.71	8059.88	30.00	67.11	12.24	0.06	1131.06	0.18	11260.80	-2.78	-1.64	-0.04	1600.53	-0.02	0.00
双鱼X131	31.00	49.19	8.08	0.01	5082.63	0.16	5177.20	8.71	12192.64	30.00	46.89	8.07	0.10	455.25	0.17	5177.20	2.30	0.01	-0.09	4627.37	-0.01	0.00
双探102	31.00	14.77	3.37	0.01	1696.35	0.23		0.20	624.62	28.93	12.36	2.83	0.10	208.80	0.51		2.42	0.54	-0.09	1491.54	-0.28	0.00
双探3	15.02	0.96	3.58	0.46	2.08	1.65	6179.70	0.39	1968.08	1.53	0.25	0.17	0.00	∞	0.06	6179.70	0.71	3.41	0.46	-∞	1.59	0.00
双鱼001-X7	30.96	18.37	2.65	0.01	1674.46	0.14	43150.80	0.54	1500.70	30.00	18.26	2.91	0.02	912.87	0.16	43150.80	0.11	-0.26	-0.01	761.59	-0.01	0.00

井名	2023-10									2023-09							波动幅度					
	生产日期(d)	日均产气(10⁴m³)	日均产水(m³)	油压下降速度(MPa/d)	单位油压降采气量(10⁴m³/MPa)	平均水气比(m³/10⁴m³)	总矿化度(mg/L)	累产气量(10⁸m³)	累产水量(10⁴m³)	生产日期(d)	日均产气(10⁴m³)	日均产水(m³)	油压下降速度(MPa/d)	单位油压降采气量(10⁴m³/MPa)	平均水气比(m³/10⁴m³)	总矿化度(mg/L)	日均产气(10⁴m³)	日均产水(m³)	油压下降速度(MPa/d)	单位油压降采气量(10⁴m³/MPa)	平均水气比(m³/10⁴m³)	总矿化度(mg/L)
双鱼001-H2	31.00	22.44	2.85	0.00	4637.49	0.13	6994.30	1.91	3121.60	30.00	21.32	3.23	0.00	7108.06	0.15	6994.30	1.12	-0.38	0.00	-2470.58	-0.02	0.00
双鱼001-X3	31.00	20.50	4.37	0.01	3177.54	0.21	28602.20	2.48	5582.86	30.00	19.81	4.04	0.06	347.57	0.20	28602.20	0.69	0.33	-0.05	2829.96	0.01	0.00
双鱼132	30.96	0.87	39.58	0.08	10.21	51.03	73864.70	2.02	22975.78	30.00	1.41	46.02	0.04	35.65	33.16	73864.70	-0.55	-6.44	0.05	-25.44	17.88	0.00
双鱼001-1	31.00	22.76	2.76	0.02	1469.73	0.12	1132.40	7.06	10137.35	30.00	20.17	2.83	0.00	411.71	0.14	1132.40	2.58	-0.07	-0.03	1058.02	-0.02	0.00
双探107	29.83	35.47	6.13	0.17	3927.20	0.17	5931.20	2.75	4342.54	30.00	36.53	6.41	0.00	721.03	0.18	5931.20	-1.06	-0.29	-0.04	3206.05	-0.01	0.00
双探12	15.89	8.82	8.89	1.18	7.50	0.51	50295.10	2.67	12551.38	18.00	10.74	12.99	1.17	9.17	0.73	50295.10	-1.92	-4.09	0.01	-1.67	-0.21	0.00
双鱼X133	31.00	2.54	173.67	0.00	524.28	68.96	65497.10	2.36	136516.72	30.00	2.05	175.01	0.00	558.45	86.61	65497.10	0.49	-1.34	0.00	-34.18	-17.66	0.00
双鱼001-X9	29.96	43.09	8.04	0.03	1500.75	0.19	2550.10	1.73	2923.00	29.88	40.46	7.17	0.07	592.15	0.18	2550.10	2.62	0.87	-0.04	908.60	0.01	0.00
双探8	31.00	4.11	40.89	0.00	980.65	9.94	69833.20	1.28	45625.06	31.00	4.11	44.29	0.00	12344.87	10.77	69833.20	0.00	-3.40	0.00	-11364.22	-0.82	0.00

图 3-40　气藏动态分析月报表

3.3　开发对标指标

为落实中国石油天然气集团有限公司稳健发展方针和高质量发展的总体要求，提高天然气开发水平，促进提质增效高质量发展。勘探与生产分公司于2020年启动了天然气开发对标工作，进行各油田公司之间的开发对标工作，并明确各公司的开发业务中存在的优势和短板。

2022年，按照西南油气田分公司的统一部署，结合国内外先进的对标管理理念，针对11家主要油气生产单位（川中油气矿、重庆气矿、蜀南气矿、川西北气矿、川东北气矿、川中北部采气处、川东北作业分公司、长宁公司、四川页岩气公司、重庆页岩气公司、致密油气项目部）建立了开发指标体系，完成了指标计算和量化评分，评价了各生产单位目前所具备的优势和存在的短板，为下一步的开发工作提供指导。

指标体系是对标管理的基础及依托，由一系列指标构成，用以定量评价开发业务水平。按照"地质气藏工程—钻井采气工程—集输处理工程三结合""地层—井筒—地面三统一"的原则，针对常规气、页岩气、致密气开发生产的特点，围绕开发技术水平、生产管理水平、可持续能力和经营效益水平 4 个维度，构建了气区、常规气、页岩气、致密气开发指标体系。川西北气矿的指标体系则是以常规气为主来建设 BI 数字化的指标体系。

3.3.1　递减率指标分析

对于开发指标体系中的递减率指标，会更多注重气矿下各作业区的开井数、产气量、不同递减率等关键指标的具体数值。

首年递减率反映了气井年对年的递减情况，是指气井当年产气量相对于上一年产气量的递减率。指标计算标准：首年递减率 =（1 － 第 2 年产量 / 第 1 年产量）× 100%。其中，第一年产量指投产 330 天内（包含关井时间）的累积产量；第 2 年产量指投产 330 ～ 660 天内（包含关井时间）的累积产量。

自然递减率是未考虑新井产量和气井措施增产量的递减率，反映了老井自然产量递减程度。指标计算标准（行业标准 SY/T 6170—2012《气田开发主要生产技术指标及计算方法》）：自然递减率 =[1 －（当年井口产气量－新井年产气量－老井措施增产气量）/ 上年井口产气量]× 100%。

综合递减率是未考虑新井产量的递减率，反映了油气田采取增产措施情况下的产量递减程度。指标计算标准（行业标准 SY/T 6170—2012）：综合递减率 =[1 －（当年井口产气量－新井年产气量）/ 上年井口产气量]× 100%。

老井综合递减率是未考虑上年新井及当年新井产量的递减率，反映了两年以上老井在采取增产措施情况下的产量递减程度。指标计算标准（行业标准 SY/T 6170—2012）：老井综合递减率 =[1 －（当年井口产气量－上年新井年产气量－当年新井年产气量）/（上年井口产气量－上年新井年产气量）]× 100%。

该指标使用 FineBI 工具进行设计。首先，从维度方面，按年和月对开井数、产气量、首年递减率、自然递减率、综合递减率、老井综合递减率 6 个指标进行数值展示，且能够根据不同作业区进行筛选与联动。其次，需要分别分析不同作业区首年递减率、自然递减率、综合递减率、老井综合递减率 4 个递减率的排名情况，以及这 4 个递减率的变化趋势和对应井类型的产量。同时，还需要具体到每一口井的指标明细数据。递减率指标分析驾驶舱如图 3-41 所示。

3.3.2　产能指标分析

对于开发指标体系中的产能指标，会更多注重气矿下各作业区、各区块或每一口井的产量、产能、产能到位率、产能完成率等关键指标的具体数值。

产能完成率是反映年度产能建设工作完成进度的指标，是当年新建井口产能与当年计划新建井口产能的百分比。指标计算标准（行业标准 SY/T　6170—2012）：产能完成率 = 当年新建井口产能 / 当年计划新建井口产能 ×100％。

产能到位率是指上年新建产能在当年的实际产量与上年实际新建井口产能的百分比。指标计算标准：产能到位率 = 上年新建产能在当年的实际产量 / 上年实际新建井口产能 ×100％。

该指标使用 FineBI 工具进行设计。首先，从维度方面，按年和月的区间对投产井数、新建产能、产能完成率、产能到位率 4 个指标进行数值展示，且能够根据不同作业区、区块进行筛选与联动。其次，还需要分析不同作业区的产能完成率、产能到位率的对比情况，以及具体到每一口井的指标明细数据。产能指标分析驾驶舱如图 3-42 所示。

3.3.3　措施增产气量、措施有效率

对于开发指标体系中的措施增产气量、措施有效率指标，会更多注重气矿下各作业区的不同措施井数、措施有效率等关键指标的具体数值。

措施增产气量是措施实施后的产量增加值，反映工艺措施对延缓气井递减提高采收率的贡献。指标计算：措施增产气量 = 措施后产气量 − 措施前产气量。

措施有效率是措施有效井次与措施作业总井次比值的百分数，反映措施选井和措施实施技术水平。指标计算：措施有效率 =（当年新上措施作业有效井次 / 当年新上措施作业总井次）×100％。

该指标使用 FineBI 工具进行设计。首先，从维度方面，按年份（必选）对当年新上措施井数、当年有效措施总井次、当年措施总井次、当年新上措施作业有效井次、当年新上措施作业总井次、措施有效率 6 个指标进行数值展示，且能够根据不同作业区进行筛选与联动。其次，需要分析不同作业区的措施后增产气

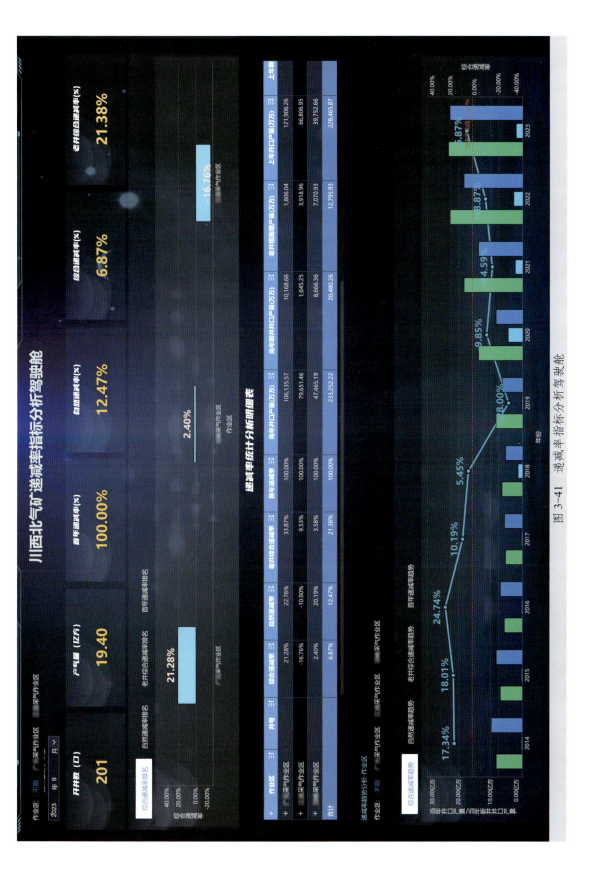

图 3-41　递减率指标分析驾驶舱

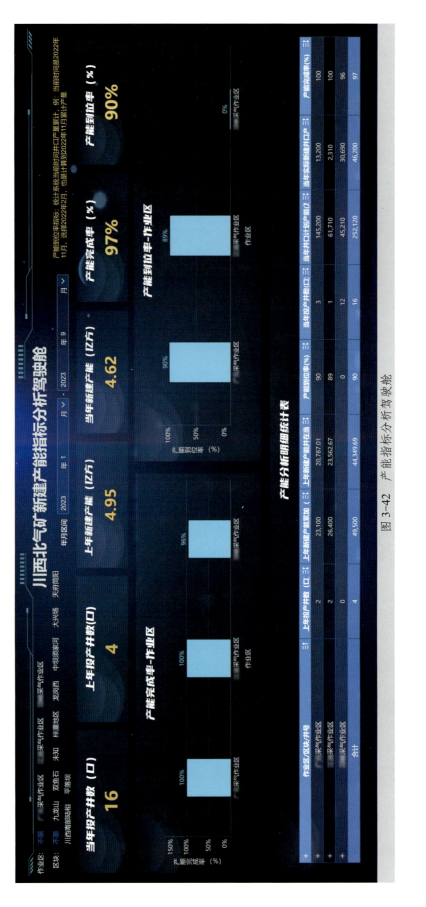

图 3-42 产能指标分析驾驶舱

量和措施有效率的对比情况、各措施增产气量占比情况，以及按月份分析新上措施、新上有效措施、措施有效率的对比情况。同时，还需要具体到每一种措施类型的指标明细数据。措施有效率分析驾驶舱如图 3-43 所示。

3.3.4 排水采气工艺措施运行率

开发指标体系中的排水采气工艺措施运行率指标，会更多注重气矿下各作业区的工艺措施运行天数、排水采气工艺措施运行率等关键指标的具体数值。

排水采气工艺措施运行率是工艺运行天数与井实施工艺气井投运生产天数的比值，反映工艺措施技术管理水平。指标计算：排水采气工艺措施运行率 =（排水采气工艺措施井当年实际运行天数 / 排水采气工艺措施井当年投运天数）×100%。

该指标使用 FineBI 工具进行设计。首先，从维度方面，按年份（必选）对工艺措施实际运行天数、工艺措施投运天数、排水采气工艺措施运行率 3 个指标进行数值展示，且能够根据不同作业区进行筛选与联动。其次，需要分析不同作业区的排水采气工艺措施运行情况，以及按月份、年份分别分析排水采气工艺措施运行率的变化情况。排水采气工艺措施运行率驾驶舱如图 3-44 所示。

3.3.5 气田管道失效率

对于开发指标体系中的气田管道失效率指标，会更多注重气矿下不同类型管道失效次数、失效率等关键指标的具体数值。

气田管道失效率反映了气田管道失效的概率水平，是每年每千公里发生失效事故的平均数量。指标计算：气田管道失效率 = 集输管道当年失效次数 / 集输管道总长度，单位：次 /（千公里·年）。

由于该指标数据没有建立数据库，因此采用填报的形式录入数据，单独开发"气田管道失效分析填报表"。

该指标使用 FineBI 工具进行设计。从维度方面，按年份分别对输气管道、内部集输 I 类管道、内部集输 II 类管道、内部集输III类管道的失效次数、失效率、失效率指标进行数值展示，并分析各类型管道的失效率年度变化、各作业区管道失效率年度变化，右上角可以跳转至气田管道失效分析填报表。气田管道失效率分析驾驶舱如图 3-45 所示。

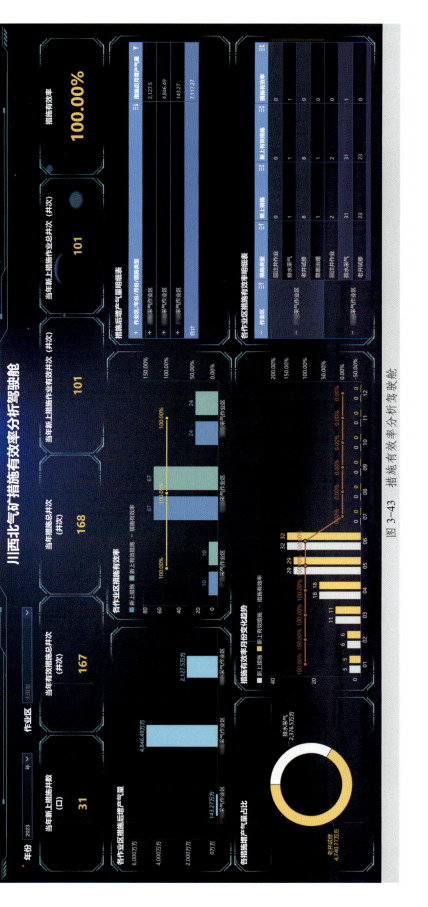

图 3-43 措施有效率分析驾驶舱

图 3-44　排水采气工艺措施运行率驾驶舱

图 3-45 气田管道失效率分析驾驶舱

该指标数据使用 FineReport 工具进行设计，需要实现查询、填报、导出、导入功能。首先，以年份、季度为查询维度，需要对输气管道、内部集输Ⅰ类管道、内部集输Ⅱ类管道、内部集输Ⅲ类管道的失效次数、失效率进行填报。其次，还需要对各作业区的失效次数、失效率进行填报。气田管道失效分析填报表如图 3-46 所示。

3.3.6　阴极保护覆盖率

开发指标体系中的阴极保护覆盖率指标，会更多注重气矿下各类型管道阴极保护覆盖率的具体数值。

阴极保护覆盖率反映了气管道中实施阴极保护里程的占比，是实施阴极保护管道长度与气管道总长度比值的百分数。指标计算：管道阴极保护覆盖率 =（实施阴极保护管道长度 / 管道总长）×100%。

由于该指标数据没有建立数据库，因此采用填报的形式录入数据，单独开发"阴极保护分析填报表"。

该指标使用 FineBI 工具进行设计。首先，从维度方面，按年季度对常规气气矿输气管道阴极保护覆盖率、常规气气矿内部集输管道阴极保护覆盖率、气矿阴极保护覆盖率 3 个指标进行数值占比展示。其次，需要分析内部集输管道、输气管道的阴极保护覆盖率的年度变化趋势，以及各作业区管道阴极保护覆盖率的完成率情况，右上角可以跳转至阴极保护分析填报表。阴极保护覆盖率分析驾驶舱如图 3-47 所示。

该指标数据使用 FineReport 工具进行设计，需要实现查询、填报、导出、导入功能。首先，以年份、季度为查询维度，需要对输气管道、内部集输管道的阴极保护覆盖率、阴极保护有效率进行填报。其次，还需要对各作业区的阴极保护覆盖率、阴极保护有效率进行填报。阴极保护分析填报表如图 3-48 所示。

3.3.7　单位气田采集输综合能耗

开发指标体系中的单位气田采集输综合能耗指标，会更多注重气矿下各种气田采集输过程能耗的具体数值。

单位气田采集输综合能耗反映了气田采集输过程的能源消耗水平，是采集输总能耗与天然气井口产量的比值。指标计算标准：单位气田采集输综合能耗 = 气田采集输过程能耗消耗量 / 天然气井口产量，单位：千克标煤 / 万方。其中：气田采集输能耗是指天然气从井口产出到处理厂的能源消耗量（参考 Q/SY 61《节能节水统计指标及计算方法》）。

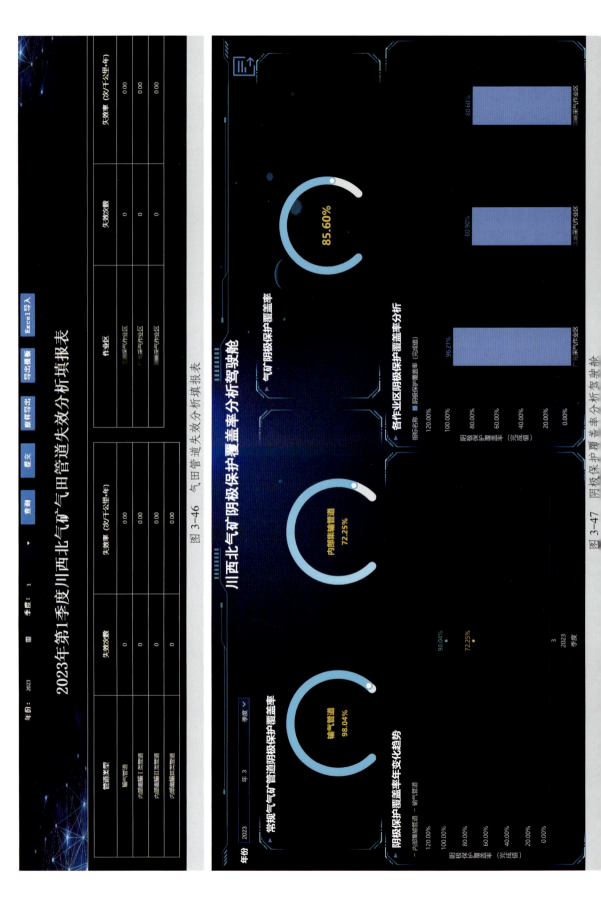

图 3-46 气田管道失效分析填报表

图 3-47 阴极保护覆盖率分析驾驶舱

图 3-48　阴极保护分析填报表

该指标使用 FineBI 工具进行设计。首先，从维度方面，按年月对天然气井口产量、气田采集输过程的能耗消耗量、用水总量、耗电量、耗气总量、单位气田采集输综合能耗 6 个指标进行数值展示，且能够根据不同作业区进行筛选与联动。其次，需要按照不同作业区，对单位气田采集输综合能耗进行对比分析，对采集输产气量、采集输能耗总量进行占比情况分析。同时，还需要具体到每一个作业区的指标明细数据以及合计值。单位气田采集输综合能耗分析驾驶舱如图 3-49 所示。

3.3.8 单位天然气处理综合能耗

开发指标体系中的单位天然气处理综合能耗指标，会更多注重气矿下天然气净化过程各种能耗的具体数值。

单位天然气处理综合能耗反映了处理系统的综合能耗，是气田天然气处理过程中的能源消耗量（包括天然气处理生产装置、辅助生产系统及附属系统消耗的各种能源）与天然气处理量的比值。指标计算标准：单位天然气处理综合能耗 = 天然气净化过程综合能耗 / 天然气处理量，单位：千克标煤 / 万方。

该指标使用 FineBI 工具进行设计。首先，从维度方面，按年月对天然气处理量、天然气净化过程的综合能耗、用水总量、耗电量、耗气总量、单位天然气处理综合能耗 6 个指标进行数值展示。其次，需要按照月份分别分析单位天然气处理综合能耗、天然气净化过程处理气量和能耗总量的对比情况。同时，还需要具体到每一个月的指标明细数据。单位天然气处理综合能耗分析驾驶舱如图 3-50 所示。

3.3.9 生产自用率分析

开发指标体系中的生产自用率指标，会更多注重气矿下天然气自用量、井口产量、生产自用量等关键指标的具体数值。

生产自用率指标反映了生产自耗占比程度，是指天然气自用量与天然气井口产量比值的百分数。指标计算标准：生产自用率 =（天然气自用量 / 天然气井口产量）×100%。

该指标使用 FineBI 工具进行设计。首先，从维度方面，按年月对天然气自用量、天然气井口产量、生产自用量 3 个指标进行数值展示，且能够根据不同作业区进行筛选与联动。其次，需要按照年份和月份分析生产自用率的变化趋势，以及分析不同作业区的生产自用率对比情况。生产自用率分析驾驶舱如图 3-51 所示。

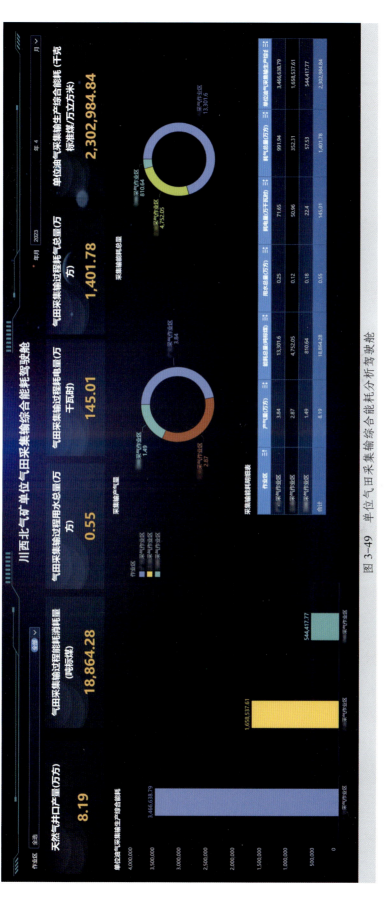

图 3-49　单位气田采输综合能耗分析驾驶舱

图 3-50　单位天然气处理综合能耗分析驾驶舱

图 3-51　生产自用率分析驾驶舱

3.3.10 脱水装置负荷率

开发指标体系中的脱水装置负荷率指标，会更多注重气矿下脱水装置日处理气量、平均负荷率等关键指标的具体数值。

脱水装置负荷率反映了现有脱水装置的负荷水平，是实际年平均日处理量与设计日处理量比值的百分数。指标计算：脱水装置负荷率＝实际年平均日处理气量（不含检修时间）／设计日处理气量×100％。其中：实际年平均日处理气量是指非检修时间内，脱水装置年度处理气量的日均值，设计日处理气量是指按照地面方案设计，脱水装置具备的日均集输处理能力。

该指标使用 FineBI 工具进行设计。首先，从维度方面，按每天对日处理气量、月累计处理气量、年累计处理气量、平均日处理气量、设计日处理气量、年平均负荷率 6 个指标进行数值展示，且能够根据不同作业区进行筛选与联动。其次，还需要分析年平均负荷率的变化趋势，统计每月、每天的处理气量，以及每一个脱水装置的日均处理气量、设计规模、负荷率的指标明细数据。脱水装置负荷率分析驾驶舱如图 3-52 所示。

3.3.11 净化厂负荷率

开发指标体系中的净化厂负荷率指标，会更多注重气矿下脱水装置日处理气量、平均负荷率等关键指标的具体数值。

净化厂负荷率反映了现有净化厂的负荷水平，是实际年平均日处理量与设计日处理量比值的百分数。指标计算：净化厂负荷率＝实际年平均日处理气量（不含检修时间）／设计日处理气量×100％。其中：实际年平均日处理气量是指非检修时间内，净化厂年度处理气量的日均值，设计日处理气量是指按照地面方案设计，净化厂具备的日均集输处理能力。

该指标使用 FineBI 工具进行设计。首先，从维度方面，按每天对日处理气量、月累计处理气量、年累计处理气量、平均日处理气量、设计日处理气量、年平均负荷率 6 个指标进行数值展示，且能够根据不同净化厂名进行筛选与联动。其次，还需要分析年平均负荷率的变化趋势，统计每月、每天的处理气量，以及每一个净化厂的日处理气量、设计日处理气量、负荷率的指标明细数据。净化厂负荷率分析驾驶舱如图 3-53 所示。

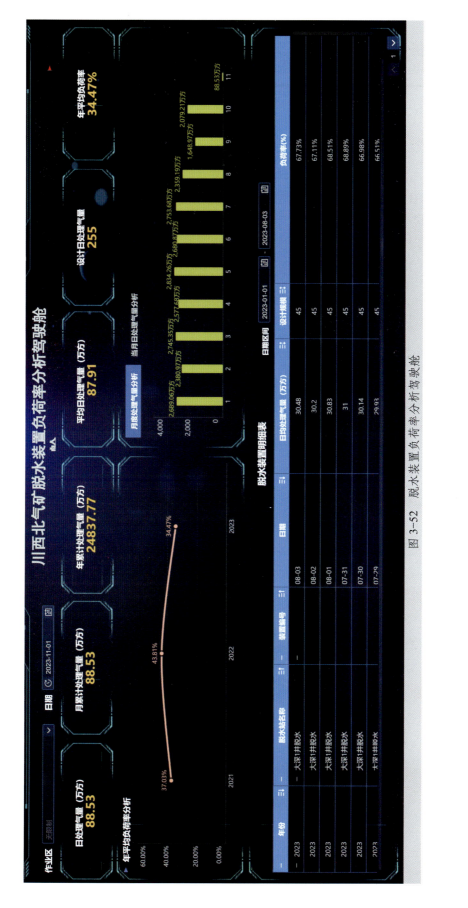

图 3-52　脱水装置负荷率分析驾驶舱

图 3-53 净化厂负荷率分析驾驶舱

3.3.12　能耗明细

开发指标体系中的能耗明细指标，会更多注重气矿下各种能耗的具体数值。该指标使用 FineBI 工具进行设计。首先，从维度方面，分为作业区、井站、业务类型、年月区间，维度之间能够进行筛选与数据联动，分别展示能耗总量、用水总量、地下水用量、地表水用量、用电总量、终端用电量、耗气总量、自用气量的具体数值。其次，对每种用量按照作业区进行对比、占比分析，并统计各作业区、各单井的指标明细数据。能耗明细分析驾驶舱如图 3-54 所示。

3.3.13　产量指标分析

开发指标体系中的产量指标，会更多注重气矿下的产气量、计划完成率、年增长率、开井数等关键指标的具体数值。

年产量增长率是反映天然气工业产量增长情况的指标。指标计算标准：年产量增长率 =（当年工业产气量－上年度工业产气量）/ 上年度工业产气量 ×100%。

产量计划完成率是反映当年天然气产量完成情况的指标。指标计算标准：产量计划完成率 = 当年实际天然气产量 / 当年计划天然气产量 ×100%。

该指标使用 FineBI 工具进行设计。首先，从维度方面，按年月区间对年产气量、累产气量、计划完成率、年增长率、配产井数、开井数、日产气量、井均产量 8 个指标进行数值展示，且能够根据"选择单井"进行筛选与联动。其次，需要统计不同作业区、不同领域的产量完成情况，以及每一口井的指标明细数据和超欠产量。同时，还需按年份分析产量、计划完成率、年增长率的变化趋势。产量分析驾驶舱如图 3-55 所示。

3.3.14　负荷因子指标分析

开发指标体系中的负荷因子指标，会更多注重气矿下负荷因子、实际产量、产能等关键指标的具体数值。

负荷因子是反映天然气产量运行合理性的指标。指标计算标准：负荷因子 = 气田（藏）当年井口产量 / 上年末标定产能。

该指标使用 FineBI 工具进行设计。首先，从维度方面，按年份对负荷因子、年实际产量、上年标定产能、年日均产能 4 指标进行数值展示，且能够根据"是

图 3-54　能耗明细分析驾驶舱

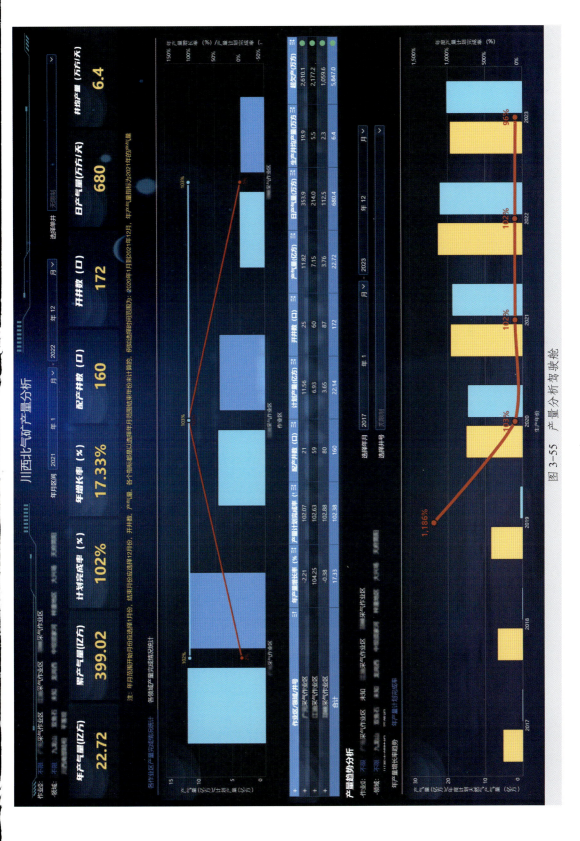

图 3-55 产量分析驾驶舱

否自营"以及"作业区"进行筛选与联动。其次，需要分析不同作业区的产气量占比情况、负荷因子对比情况、上年标定产能占比情况，以及具体数值明细。同时，还需按年份分析年实际产量、上年标定产量、负荷因子的变化趋势。负荷因子分析驾驶舱如图 3-56 所示。

3.3.15 开井率指标分析

开发指标体系中的开井率指标，会更多注重气矿下每月的不同类型井口数、开井率等关键指标的具体数值。

开井率是反映气田开发综合管理水平的指标。指标计算标准：开井率 = 开井数 /（连续生产井 + 间开井 + 有复产潜力井）。

该指标使用 FineBI 工具进行设计。首先，从维度方面，按年、月份对开井数、连续生产井数、间开井数、具备开井条件的井数、总井数、开井率 6 个指标进行数值展示，且能够根据作业区、是否自营、井号进行筛选与联动。其次，还需要分析每月的开井情况，并按作业区分析开井情况，且具体到每一口井的情况。开井率分析驾驶舱如图 3-57 所示。

3.3.16 无人值守率

开发指标体系中的无人值守率指标，会更多注重气矿下场站数量、无人值守率指标的具体数值。

无人值守率反映的是中小型站场的管理水平，是无人值守的中小型站场数量与中小型站场总数的比值的百分数。指标计算标准：无人值守率 = 实现无人值守的中小型站场数量 / 中小型站场总数 ×100%（中小型站场不包括处理厂和净化厂的场站）。

该指标使用 FineBI 工具进行设计。首先，对无人值守站数、总站数、无人值守率 3 个指标进行数值展示，且能够按照作业区展示上述指标情况。其次，按照场站类型分析占比情况，并对场站的基本信息进行详细展示。无人值守率分析驾驶舱如图 3-58 所示。

3.3.17 人均管理井数、人均年采集输气量

开发指标体系中的人均管理井数、人均年采集输气量指标，会更多注重气矿下区块的人均管理井、人均采集输气量指标的具体数值。

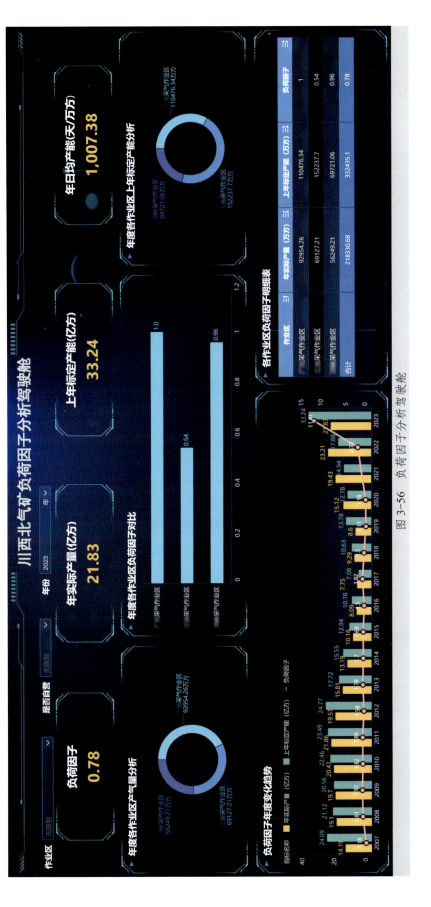

图 3-56 负荷因子分析驾驶舱

图 3-57 开井率分析驾驶舱

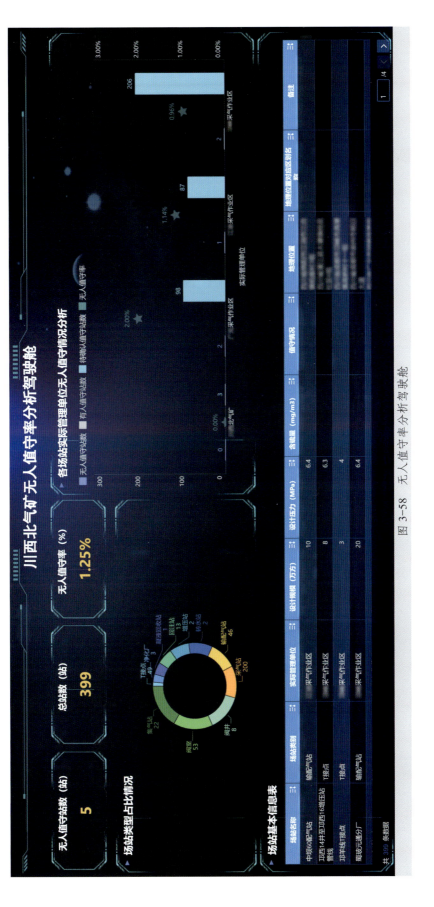

图 3-58 无人值守率分析驾驶舱

人均管理井数反映了直接管理和操作人员平均每人管理的生产井数量，是生产井总数与直接生产管理人数的比值。指标计算标准：人均管理井数＝区块生产井总数／区块生产人员数。

人均年采集输气量反映了直接管理和操作人员平均每人每年生产的天然气量，是年产气量与直接管理和操作人员人数的比值。指标计算标准：人均年采集输气量＝区块年天然气产量／区块生产人员数。

该指标使用 FineBI 工具进行设计。首先，从维度方面，按年份对人均管理井、人均采集输气量 2 个指标进行数值展示，且能够根据区块进行筛选与联动。其次，还需要分析天然气产量、典型区块直接生产管理人员数、人均采集输气量的变化趋势，以及各典型区块的具体情况。人均管理井数分析驾驶舱如图 3-59 所示。

3.3.18　清管作业计划执行率

开发指标体系的清管作业计划执行率指标，会更多注重气矿下各作业区的清管次数、清管执行率等关键指标的具体数值。

清管作业计划执行率反映了年度集输管道清管工作的完成情况，是实际清管次数与计划次数比值的百分数。指标计算标准：清管作业计划执行率＝（实际清管次数／计划清管次数）×100%。

由于该指标数据没有建立数据库，因此采用填报的形式录入数据，单独开发"清管作业计划执行率填报表"。

该指标使用 FineBI 工具进行设计。首先，从维度方面，按年份对计划清管次数、完成清管次数、目前清管执行率 3 个指标进行数值展示，且能够根据不同作业区进行筛选与联动。其次，需要对每月清管作业完成情况、各作业区执行情况进行统计，并详细展示具体情况。右上角可跳转至清管作业计划执行率填报表。清管作业计划执行率分析驾驶舱如图 3-60 所示。

该指标数据使用 FineReport 工具进行设计，需要实现查询、填报、导出、导入、删除行、插入行功能。以年月为查询维度，需要对每月的计划量、实际完成量进行填报，执行率可自动计算结果。清管作业计划执行率填报表如图 3-61 所示。

3.3.19　阴极保护有效率

开发指标体系中的阴极保护有效率指标，会更多注重气矿下各作业区的关键指标的具体数值。

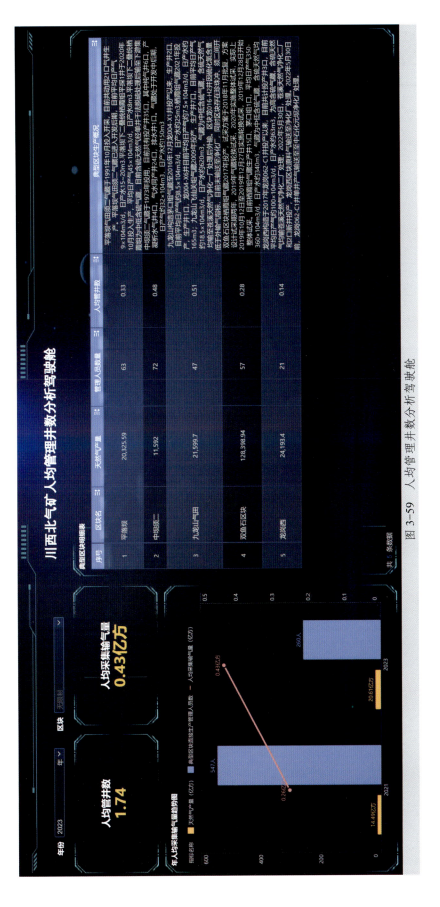

图 3-59　人均管理井数分析驾驶舱

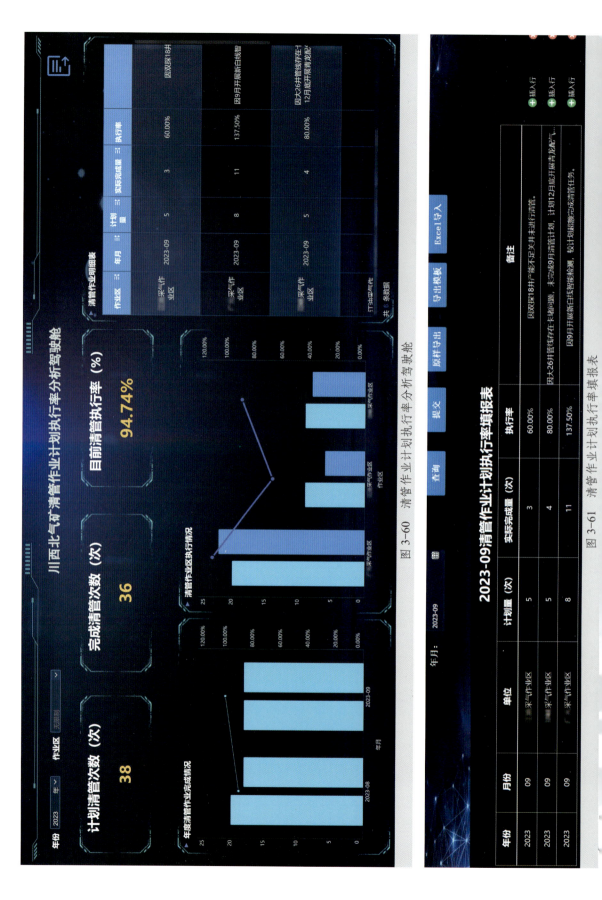

图 3-60 清管作业计划执行率分析驾驶舱

图 3-61 清管作业计划执行率填报表

阴极保护有效率反映了管道阴极保护的实际效果，是达到有效保护长度与实施保护长度比值的百分数。指标计算标准：管道阴极保护有效率＝（有效保护总长度／实施阴极保护管道长度）×100%。由于该指标数据没有建立数据库，因此采用填报的形式录入数据，单独开发"阴极保护分析填报表"，参考阴极保护覆盖率指标。

该指标使用 FineBI 工具进行设计。首先，从维度方面，按年、季度对常规气气矿输气管道阴极保护有效率、常规气气矿内部集输管道阴极保护有效率、气矿阴极保护有效率 3 个指标进行数值占比展示。其次，需要分析内部集输管道、输气管道的阴极保护有效率的年度变化趋势，以及各作业区管道阴极保护有效率的完成率情况。右上角可以跳转至阴极保护分析填报表。阴极保护有效率分析驾驶舱如图 3-62 所示。

3.3.20　脱水装置开工率

开发指标体系中的脱水装置开工率指标，会更多注重气矿下脱水装置的运行时间、检修时间、开工率等关键指标的具体数值。

脱水装置开工率反映了现有脱水装置的生产时率，是装置实际运行时间与全年非检修时间比值的百分数。指标计算标准：脱水装置开工率＝∑ 单套装置年运行时间／∑（365 － 单套装置年检修计划时间）×100%。

由于脱水装置的检修时间没有建立数据库，因此采用填报的形式录入数据，单独开发"单套脱水装置年检修计划时间填报表"。

该指标使用 FineBI 工具进行设计。首先，从维度方面，按年份对年运行时间、年实际检修天数、年计划检修天数、脱水装置开工率 4 个指标进行数值展示，且能够分析脱水装置开工率年度变化，以及脱水装置检修时间对比与详情。其次，需要分析每一个脱水装置每月的开工率变化趋势。右上角可跳转至单套脱水装置年检修计划时间填报表。脱水装置开工率分析驾驶舱如图 3-63 所示。

脱水装置的检修时间使用 FineReport 工具进行设计，需要实现查询、填报、导出、导入、删除行、插入行的功能。以年份为查询维度，需要对场站信息、装置、计划检修开始时间、计划检修结束时间、实际检修开始时间、实际检修结束时间进行填报。单套脱水装置年检修计划时间填报表如图 3-64 所示。

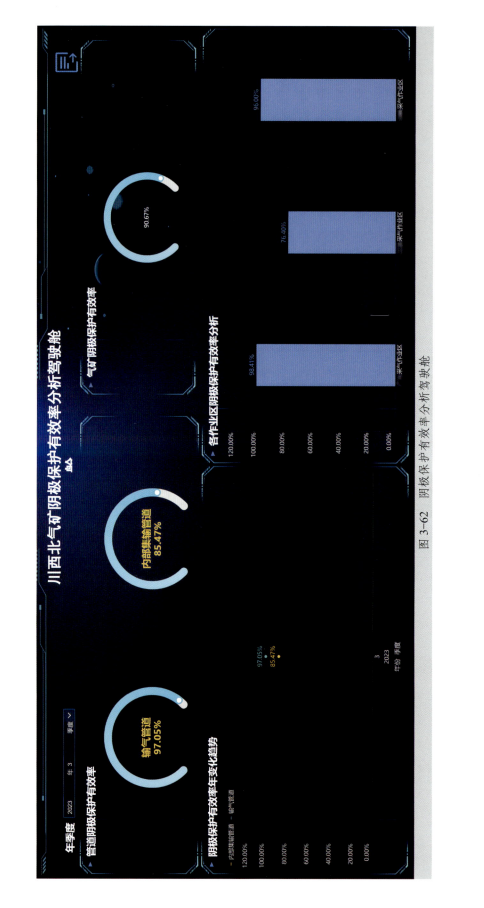

图 3-62　阴极保护有效率分析驾驶舱

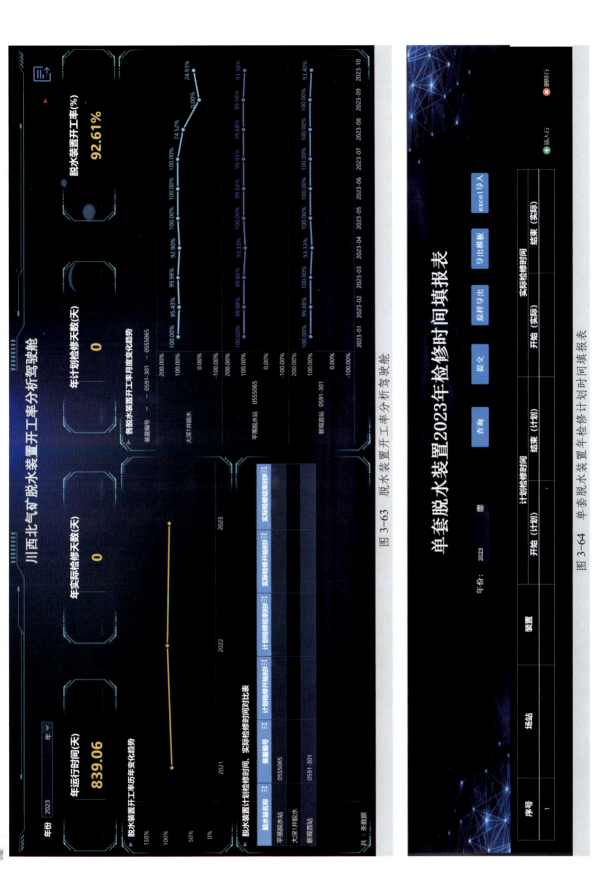

图 3-63 脱水装置开工率分析驾驶舱

图 3-64 单套脱水装置年检修计划时间填报表

3.3.21 采出水处理率、采出水处理水质达标率

开发指标体系中的采出水处理率、采出水处理水质达标率指标，会更多注重气矿下各作业区的采出水量、采出水处理量、采出水处理率、处理水质达标率等关键指标的具体数值。

采出水处理率反映了气田水经过处理的比例，是经过处理设施的采出水处理量与采出水总量比值的百分数。指标计算标准：采出水处理率 = 采出水处理量 / 采出水总量 ×100%。其中，采出水处理量是经各种工艺处理的采出水量总和（参考油勘〔2020〕173 号《油气田地面建设和生产对标管理规定》）。

采出水处理水质达标率反映了气田水处理后的水质达到要求的比例，是达标水量与处理水量比值的百分比。指标计算标准：采出水处理水质达标率 = [∑（水处理站水质达标率 × 对应处理站处理水量）/ ∑处理站处理水量] ×100%。

该指标使用 FineBI 工具进行设计。首先，从维度方面，按年份对年采出水量、当年采出水处理量、采出水处理率、水处理站水质达标率、处理站处理水量、对应处理站处理水量、采出水处理水质达标率 7 个指标进行数值展示，且能够根据不同作业区进行筛选与联动。其次，还需要分析每月采出水处理量、各作业区采出水处理量对比情况，以及年度采出水处理量变化趋势。采出水处理率、处理水质达标率分析驾驶舱如图 3-65 所示。

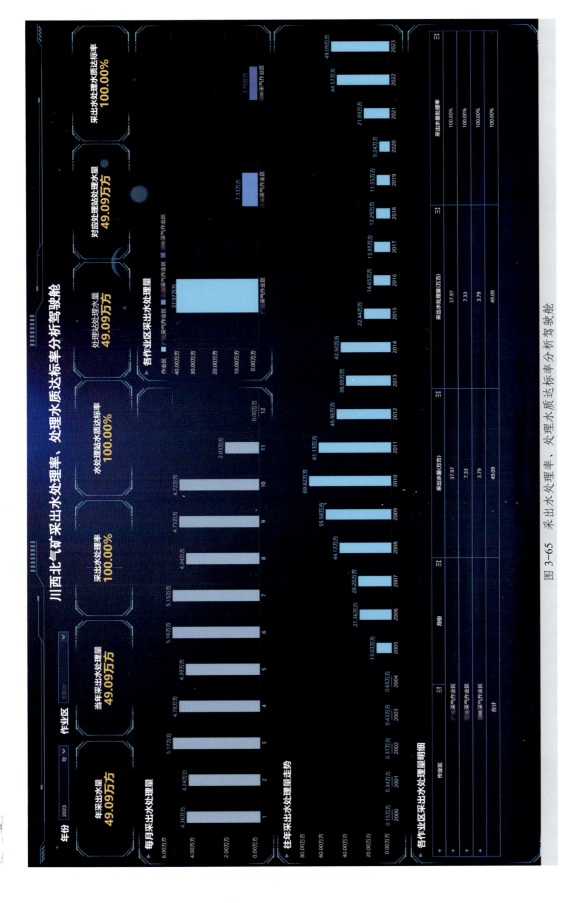

图 3-65　采出水处理率、处理水质达标率分析驾驶舱

第四章

应用总结

》》》》

川西北气矿通过与相关业务部门不断地沟通优化迭代，最终形成了自己的BI 系统，迈出了川西北气矿数字化转型的第一步。系统上线后，对于管理人员来说，只需要查看矿长驾驶舱，即可掌握整个气矿所有的储、产、销等数据，无须等待业务人员上报数据后才知道气矿整体情况，而且根据自动生成的趋势图可以更快更准确地做出下一步决策。对业务人员来说，每日的日报数据无须在各大系统里核对，可以根据不同区块、作业区、时间等维度在一张报表中查看到不同的数据。各个数据之间相互联动，对于所关注的井，可以实时查看相关指标变化趋势，为业务的统计工作提升了效率。同时，一些填报数据不再使用 Excel 表格记录，做到了数据统一标准化、规范化，并且数据也拥有可追溯性。